涅槃·重钢工业遗产改造设计

第四届四校联合毕业设计营

Nirvana · Design modification of Industrial Heritage of Chongqing Steel

The 4th Graduation Design Workshop from 4 Academy of Fine Arts

黄 耘 傅 祎 王海松 杨 岩 主编

四川美术学院建筑艺术系

中央美术学院建筑学院

上海大学美术学院建筑系

广州美术学院建筑与环境艺术设计学院

中国建筑工业出版社

《涅槃·重钢工业遗产改造设计　第四届四校联合毕业设计营》

主　编：黄　耘　傅　祎　王海松　杨　岩

顾　问：赵　健　郝大鹏　汪大伟　吕品晶

编委会：黄　耘　傅　祎　王海松　杨　岩　李　勇　张剑涛

指导教师团队：

四川美术学院建筑艺术系：

黄　耘　李　勇　周秋行　魏　婷　谢一雄

四川美术学院设计学院环艺系：

龙国跃　张新友　韦爽真

中央美术学院建筑学院：

傅　祎　丁　圆　虞大鹏　韩　涛　韩文强　苏　勇　吴祥艳　何　崴

上海大学美术学院建筑系：

王海松　魏　秦　李　钢　莫弘之

广州美术学院建筑与环境艺术设计学院：

杨　岩　许牧川　曾芷君　朱应新　卢海峰　陈　翰

目录

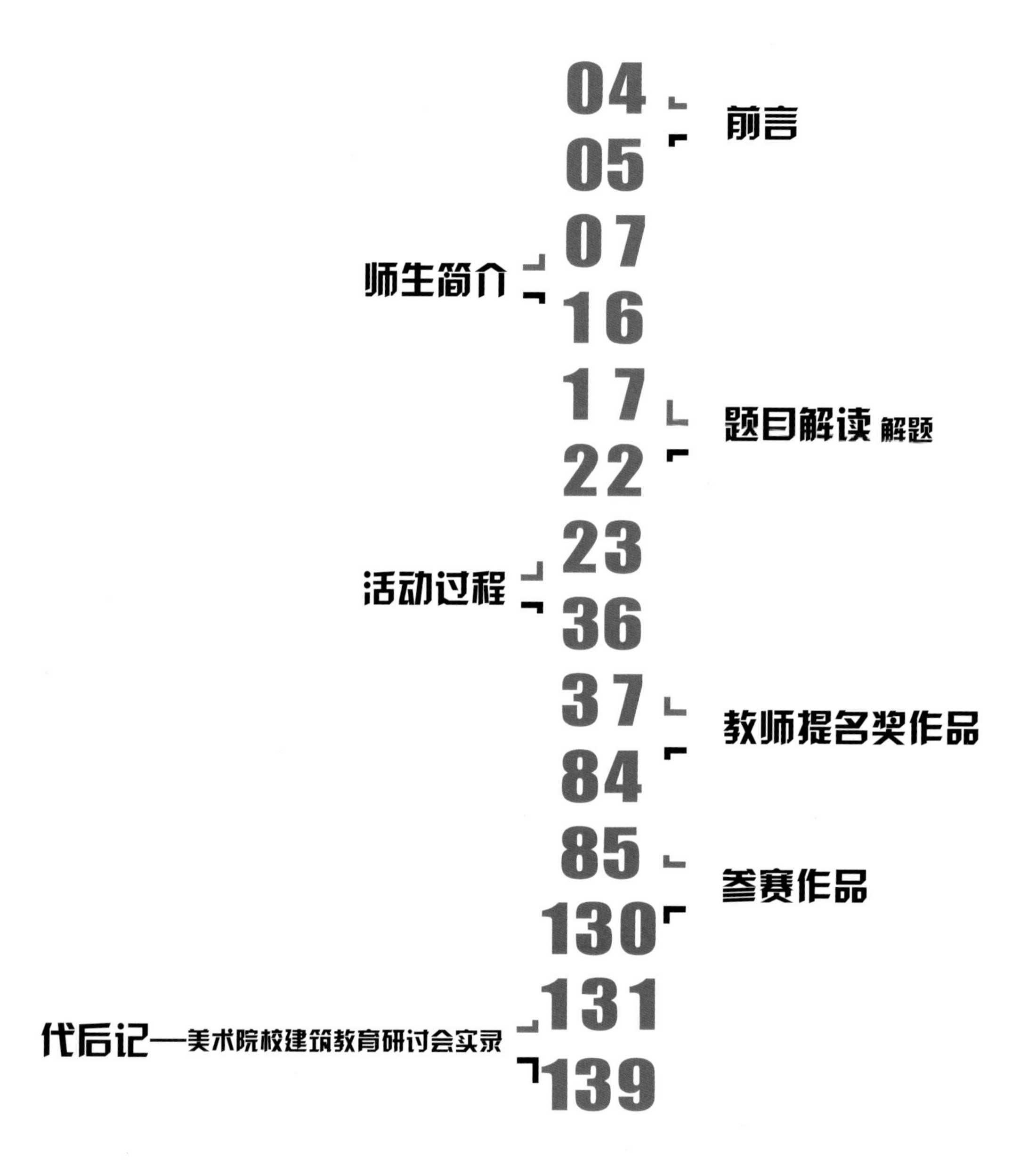

前言

“涅槃”不仅是一种生命形态的壮烈结束，也意味着开始了色彩缤纷的全新生命。

这次四校联合毕业设计展以此命名，是想借这个词语的隐喻，表达我们这四个学院怀着无比关爱的心情，注视着重庆钢铁厂的蜕变。

本届联合毕业设计营的主题是工业遗产保护与改造。中国的工业遗产虽然历史不长，但同样是中国社会发展不可或缺的物证。近年来，随着经济社会迅猛发展，根据城市工业布局调整规划，众多工业遗产的命运将面临重要抉择。本次选题所在的重庆钢铁集团是一家有着百年历史的大型钢铁联合企业，目前重钢迁往新址，其原址重新利用的规划区面积达 6.95 平方公里，规划总建筑面积 1107 万平方米。我们从这个庞大的工程中选取了四个项目作为本届联合设计营的设计题目，四校同学通过项目设计，以建筑师的角度来进行一次工业遗产保护利用与经济社会发展之间互动共存的探索。本次展览提交的作品从不同的角度作了出色的回答。

四校联合毕业设计营也是在今年刚好结束了一个四年的周期，这或许也该“涅槃”了。从“走近 798”到“后世博”，从“城村”到“涅槃”，我们以“联合毕业设计营”这种跨校教学形式，展开了学术层面、教学层面、管理层面的深入探讨，“东南西北，四个学校表达对同一问题的不同话语”——广美的赵健副院长如是说。

国内美术院校开办建筑教育已风风雨雨走过十年，建筑对艺术的回归正越来越被广泛接受。美术院校办建筑教育究竟应该具有怎样的特色？对于这个问题的探寻我们从未停止，相信通过各位同仁的不懈思考与实践，答案会日益清晰，并将引领美术院校的建筑教育走向一片广阔天地。

在此我系代表四个学校的主办方，向为本次活动付出艰苦努力的四校师生们致以热烈的祝贺和由衷的感谢！同时向一直关注四校联合毕业设计营活动的出版界、新闻界和其他兄弟院校等各方朋友表示感谢！

四川美术学院建筑艺术系
2012 年 5 月 30 日

师生简介

学术顾问

赵　健
广州美术学院副院长　教授

郝大鹏
四川美术学院副院长　教授

汪大伟
上海大学美术学院院长　教授

吕品晶
中央美术学院建筑学院院长　教授

指导教师

四川美术学院

■ **黄　耘**

四川美术学院建筑艺术系主任　副教授

■ **李　勇**

四川美术学院建筑艺术系副教授　一级注册建筑师

■ **魏　婷**

四川美术学院建筑艺术系讲师

■ **周秋行**

四川美术学院建筑艺术系讲师

■ **谢一雄**

四川美术学院建筑艺术系助教

■ **龙国跃**

四川美术学院设计学院环艺系主任　副教授

■ **张新友**

四川美术学院设计学院环艺系　教授

■ **韦爽真**

四川美术学院设计学院环艺系　讲师

中央美术学院

傅　祎
中央美术学院建筑学院
副院长、副教授

韩　涛
中央美术学院建筑学院
讲师

韩文强
中央美术学院建筑学院
讲师

何　崴
中央美术学院建筑学院
讲师

苏　勇
中央美术学院建筑学院
讲师

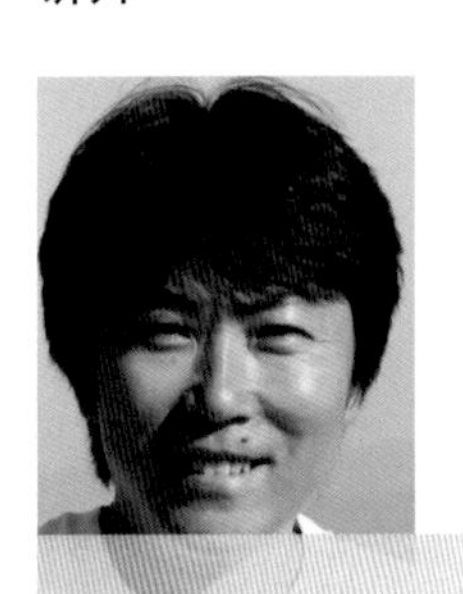

虞大鹏
中央美术学院建筑学院
副教授

丁　圆
中央美术学院建筑学院
副教授

吴祥艳
中央美术学院建筑学院
讲师

上海大学美术学院

王海松

上海大学美术学院建筑系主任、教授、博士、国家一级注册建筑师

李　钢

上海大学美术学院建筑系教授

魏　秦

上海大学美术学院建筑系副主任、副教授

莫弘之

上海大学美术学院建筑系主任助理、讲师

广州美术学院

■ **杨　岩**
广州美术学院建筑与环境艺术设计学院
副院长、副教授

■ **曾芷君**
广州美术学院建筑与环境艺术设计学院
副教授

■ **许牧川**
广州美术学院建筑与环境
艺术设计学院　讲师

■ **卢海峰**
广州美术学院建筑与环境艺术设计学院
讲师

■ **陈　瀚**
广州美术学院建筑与环境艺术设计学院
讲师

■ **朱应新**
广州美术学院建筑与环境
艺术设计学院　讲师

学生团队

四川美术学院建筑艺术系

李佳恩　李卉卉　刘　勇　杨一龙　廖大为　孙锦瑶　刘洪畅　和　晴　黄礼刚　郑敏飞　邓　娇　邓银美　邱明灯　夏　露

四川美术学院设计学院环艺系

郝　波　雷朦蕾　陈旦尼　萨日娜　杜欣波　黄婷玉　王　浛

中央美术学院建筑学院

陈嘉漩　牛志宇　张立涛　周轩宇　崔敬宜　高文毓　禄　龙　程　虎　焦　秦　王　翔

上海大学美术学院建筑系

吴　桑　吕思训　郑梦姣　周菡露　魏　辰　杨　乐　王凌鹤　侍海山　丁嘉卿
王润栋　吴　昊　沈爽之　张平兮　左蕙铭　丁铭铭　杨泽俞　郑康奕　滕　腾

广州美术学院建筑与环境艺术设计学院

郭炼宇　方颖图　赵梦周　关达文　唐　正　关亢亢　赵达夫　栾维业

游启正　付沙鸥　叶美智　余转美　张　成　刘百川　乔　杨　潘璐斯　林泽丰

题目解读

解题

工业文化遗产传承和开发创意的思考

——开营仪式主旨发言之一

何智亚

重庆市规划学会常务副会长
重庆市历史名城保护专委会主任委员
重庆大学建筑城市规划学院兼职教授

我首先简单介绍一下工业遗产的概念，此概念提出来的时间不长，这个概念是西方国家在 20 世纪 60 年代老工厂关闭过程当中逐步提出来的，中国还要晚一些，是在 21 世纪初才开始对这个问题进行研究。在很长时间之内人们并没有认识到这一系列工业和相关非物质文化是遗产，因此往往被拆除、摧毁。

英国最先提出对工业遗址保护，英国人本身对历史、规划是非常尊重的。他们在 20 世纪七八十年代已经开始对关掉的废弃工业遗产进行研究，在认真规划和保护的情况下逐步开发利用。

英国为此进行了很多工业遗产保护和规划，它的做法逐步被更多政府和专家学者重视，工业遗产在国际上有一个协会，即国际古迹遗址理事会，其下设有关于工业遗产保护的特别咨询世界组织。2003 年 6 月在俄罗斯下塔吉尔举行全体代表大会并发表了旨在促进工业遗产保护的《下塔吉尔宪章》，宪章起草并递交获准后由联合国教科文组织最终确认通过。

由于工业遗产的研究是一个跨学科、跨部门、跨领域的综合课题，包括考古、规划、历史、建筑等诸多学科；工业遗产保护利用与文化创意产业关系密切；目前不少综合性大学和艺术院校的建筑学、环境艺术等专业研究也涉及该领域。

当前对工业遗产价值的评价和开发利用方式在国家之间、地区之间、城市之间、各行业之间以及工业化发展的各个不同阶段都有不同标准和方法，中国对工业遗产管理和保护、开发工作还处于初始阶段，有待于政府相关管理部门和学术界去积极研究和制定相关法规、实施步骤。

我因为具体负责重庆工业博物馆前期工作，先后到很多国家考察了 100 多个工业博物馆项目，特别是先后 5 次到英国专题考察。英国改造利用之后的效果非常好，值得我们学习。英国的做法给我留下了深刻的印象，很多项目经过改造以后已经收入为世界文化遗产，例如英国的铁桥峡谷，因为它有工业遗产的保护而被评为世界历史文化遗产。

通过以下案例阐述我们对工业遗产的理解，讨论怎么保护利用工业遗产，探索在工业遗产当中如何注入开发创意，使废旧的工业遗产能够再生的方法。

一、西方国家工业遗产保护改造状况

案例一：英国铁桥峡谷工业遗址旅游开发案例。铁桥峡谷位于英格兰西部，是英国工业革命发源地之一，从 10 世纪到 19 世纪是英国铁矿、焦炭、生铁、钢铁的主要产地，第二次世界大战时期这里的工厂大部分关闭，20 世纪下半叶英国政府开始对这一地区进行保护，他们成立了铁桥峡谷博物馆信托公司，是一个非营利的机构，政府对它进行了基金支持。此外，社会和欧盟的资助以及门票收入也是很重要的经费来源。

铁桥峡谷博物馆信托公司通过对原有的工业遗址进行保护、恢复过去破坏的生态环境，在这个基础上修建了博物馆，20 世纪 80 年代对外开展了工业旅游，1986 年 11 月它被列入“世界自然和文化遗产”，这是世界上第一个因工业遗址而闻名的世界遗产。目前已形成一个占地达 10 平方公里，9 个工业纪念地和博物馆，285 个工业建筑遗址为一体的旅游地。

铁桥峡谷的布里茨维多利亚小镇在离铁桥不远的地方，这个小镇附近有很多工业区，因此形成了为周边采矿工人提供服务的小镇，这里反映了当时的繁华情况，10 世纪时，矿工们都在小镇上玩耍，非常热闹。修复后的小镇，在修复的时候大致保留了以前的风格，如小作坊的生产工具场景、烧矿石的地方、矿车、车头等东西都完好无损地保存下来在这个小镇进行展示，这是不容易的。在小镇的生活气息营造上添加了新的内容，但是都没有破坏小镇的格局。小镇里面的小店、咖啡厅、面包作坊，包括当时工人们居住的房子，都是按照 18、19 世纪来进行修复的，给人一种很新鲜的感觉。有一个当时很有名的瓷器厂，现在建了一个博物馆，这个博物馆有很多参观者，并且现场销售瓷器厂生产的东西，而以前的生产设备也保留下来在博物馆进行展示。

在铁桥峡谷的另外一个项目——炼铁厂，作为一种装饰和景观保留了三角形玻璃钢架、铁栅栏、炼铁炉等遗迹。建设的铁器博物馆收集利用了老工厂的铁器、零件、设备，改建成为一个儿童科技游乐园，很受参观的儿童的喜欢。

案例二：斯温登机车制造厂改造与利用案例。当时的车间规模是非常巨大的，厂房遗留非常完整，将近 1.33 平方公里，当时拥有 14000 多工人，在英国是非常大的工厂。1986 年开始停产关闭，关闭以后也是一个大问题，因为当地就这么一个大工厂，解决了大量就业问题，关闭了以后怎么办？后来在工业遗址改造中，1992 年通过政府的工作有个公司就买下这个工厂，经过 5 年的时间规划、审批、建筑和引进品牌等，1997 年就成了旅游消费购物大型场所，引进了奥特莱斯，现在每年到这个工厂参观、购物的游客超过了 500 万人次，现在这里人气非常旺，大量游客的到来解决了失业工人的就业问题，又给

当地带来了经济活力和城市品牌效应。这个项目中，车间的改造利用了原来的车间注入了很多新元素，但是保留了大量传统工业符号，整个车间的厂房、设备、钢架等都保留了下来，也适当添加了一些新的构筑物。在一些大型的购物商场处处都可以看到保留得非常完整的车间设备。车间改造的商场也是这样，旧墙壁、过道上陈列的机械设备都表明这里就是工厂改造的。在它的周边允许修建比较大的高档写字楼，但新修建筑经过政府的严格审批。同时还配套了儿童游乐场等场所。这个项目中，预留了很大的空间，建了一个很大气的博物馆，陈列有蒸汽机、车厢等精致而有趣的展品，博物馆的讲解员就是原来工厂的老工人，入口处有一面墙壁，墙上留下了工厂关闭之前 5000 多工人全部人的名字、工作职务等信息，上面有一个大标语“一日贴一人，终身贴一人”。目前这个项目的改造还在继续中。

案例三：哈利法克斯纺织厂改造的艺术中心。它位于英国西南部一座小城市，工厂在 1983 年关掉以后，由一家房地产公司按照政府的要求进行规划、建筑、开发，通过多年努力已经取得了一些初步的成绩。这个项目通过 20 多年的改造把一个原本已经衰落的地方变成了一个 3500 多人入住的文化社区，刚开始的时候人气不够，后来加大了宣传，而且他们无偿为 25 位艺术家提供工作室，提升这里的人气，到目前为止这个项目还有差不多三分之一的老工厂没有改造。一个 20 公顷的项目花费近 30 年的时间来开发改造是不可思议的，绝对是精品，这一点值得我们学习。

案例四：泰特美术馆是英国比较成功的工业遗址改造案例，它原来是一个海水发电厂，在 20 世纪 90 年代被关闭。后来改造成为了现代艺术博物馆，目前是英国最大的博物馆，收藏了大量现代和当代的名画，土地价值大幅度上升。整个博物馆完整地保留了工厂的外形，并利用工厂大的空间改造为美术作品展厅，配有书店、咖啡厅等。通过这个改造项目大幅提高了周边土地的地价，紧靠该项目修建的写字楼成为伦敦最贵的楼盘。

案例五：英国伯明翰运河工厂区的改造项目。伯明翰在 18 世纪是英国工业的心脏，特别是伯明翰制造的蒸汽机，这里还拥有发达的运河系统。现在这里大量的工厂、仓库、码头被改造为第三产业用途，从而使这里成为充满活力的地区和旅游区。运河区的建筑改造保留了原有建筑风貌，解决了运河区两边的肮脏原状，成为一个非常高档的社区。

案例六：英国利兹项目。利兹是紧邻英国著名历史文化名城约克的一座老工业城市。当时也是工业开始衰退以后城市变得非常糟糕的，英国在 1840 年后该地被描述成一个肮脏的、令人讨厌的城市。也是 20 世纪 80 年代就开始重新规划建设，把这个老工业区，非常肮脏的城市改造成一个新兴的金融城市，过去的厂房和仓库改造为商务中心、写字楼、高级酒店和公寓，开始吸引众多游客到利兹游玩。

案例七：德国鲁尔区工业改造。鲁尔区是 20 世纪 70 ～ 80 年代开始衰退，衰退以后德国对传统工业改造进行研究。他们将一个钢铁厂改造成一个公园，这种方式现在在中国最为常用。该项目于 1999 年建成，公园中保留了大量钢铁厂的建筑物、厂房、设备，还部分保留了高炉和炼钢炉。此外，还对原有设备实现了开发再利用，如原来的废水池现在作为水处理系统利用，以及原有的卫生间等设施继续使用。公园里开发了很多收费性活动项目，收入作为维护费。

案例八：丹麦嘉士伯啤酒厂项目。嘉士伯啤酒厂是世界上有名的老啤酒厂，由嘉士伯家族于 1849 年在丹麦哥本哈根建造，这个厂后来需要搬迁。搬迁 50 年前就决定了，怎么搬？搬了以后怎么办？这个规划做了 50 年，现在才把整个工厂搬迁计划以及搬迁以后老工厂怎么办的事情做完。嘉士伯集团以充裕的资金投入文化保护、发展事业，包括建立博物馆、维修古建筑、支持地方的文物保护，对嘉士伯老厂建筑进行保护等，目前这个项目建设非常成功，160 多年前的老厂大门保留完好，所有重点建筑都有历史年代标注。工厂边搬迁边生产，还在厂区生产线旁边建有专门的参观通道。

这些西方国家工业遗产改造案例至少带给我们三点启示：

一是要耐得住寂寞，不急功近利，仓促开发。这些国家至今仍保存有大量老工业建筑遗址、设施，许多工厂一搁十几年、几十年仍然没有拆除。我们的国情不一样，我们工厂关闭以后一般都是马上拆除，立即开发建设，这样往往会留下很多问题。

二是工业建筑遗产区别于一般意义上的文物，工业建筑遗址不是不能动的，英国也允许做开发创意。这既能让受众感受到历史内涵，又能使传统与创新相融合，有些改造项目建成后还成为标志性的城市名片。

三是要由政府主导，社会投入，因为工业建筑遗产改造是一项利国利民，既有社会效益又有经济效益的事业，因此可以采取政府投资和社会投资并举的措施，实现投资主体多元化，鼓励民营企业、民间保护组织、各类基金会、信托公司等机构一起参与开发。

二、中国工业遗产保护与利用状况

中国工业遗产保护起步比较晚，之前我国对工业遗产的认识是非常落后的，新中国成立以后一共有三次文物普查，到第三次才把工业遗产纳入了普查对象。实际上是 21 世纪初才开始研究这一课题，现在是政府纳入各个单位优秀建筑进行管理，但是力度和权威性还是不够。21 世纪初国家文物局也开始重视对工业建筑遗址的保护，还开了不少会，也发了一些文件和决定。

学术界也在对工业遗产展开初步研究，2008 年清华大学建筑学院、福州大学建筑学院、中国遗产研究院共同组织的“2008 年中国工业建筑遗产国际学术研讨会”在福州大学召开，2011 年 11 月出版了《工业建筑遗产调查、研究与保护文集》。同年 11 月第二届工业建筑遗产学术讨论会在重庆大学召开，这些学术成果对我国工业遗产保护研究方面形成了一定影响力。

现在中国的工业区和厂房都面临结构调整，在 20 世纪 90 年代末期到 21 世纪初期，大量工厂关闭，关掉以后怎么办？现在没有找到很好的办法。但目前已经有一些成功的案例，如北京的 798、四方机车厂、青岛的啤酒博物馆等。

案例一：上海钢铁十厂，把废弃的工厂关闭之后，在上海有关部门关心支持下成立了一家公司开发这个项目，现在已经建成了上海城市雕塑艺术中心，这个是比较成功的。空间很大的车间改造后用来开展各种活动，比如发布会、大型会议都可以，室外利用废旧的钢铁部件制作雕塑作为装饰，还做了各种服务配套，但作为车间的外貌还是保留了原有的元素。2009 年 6 月 14 日—16 日，“全国工业遗产保护利用现场保护会”就是在这里召开。

案例二：上海杨树浦水厂，保留了许多历史文物建筑，整个厂区非常漂亮，完全可以看作一个艺术品，目前这个项目已经符合申报国家级的水平。改造过程中，项目方注重对原厂房的外立面整理、内部空间的重新利用，增加了参观自来水生产流程的设施，改造工程还在继续中。

案例三：福建马尾造船厂，在改造一部分原有车间后保留下来了，船政轮机厂改造为博物馆的形式，利用雕塑展示当时生产的场面，同时在旁边也建了历史陈列馆来介绍这个工厂的历史，工厂的老建筑、大炮也保留下来了，这个厂还在部分生产。

案例四：成都红光电子管旧厂，现在已经改建为成都的东区音乐公园，成都川美集团通过多年的规划把这里打造为一个文化项目。厂房里面的管道、大门都保留下来，内部空间改造为各种各样文化创意场所。

三、重庆工业遗产及现状

重庆市是一个老工业基地，也是西部历史非常悠久的工业城市，重庆市的工业历史大致分了几个阶段：

1. 开埠时期：开埠以后英国、法国、德国等国家纷纷在重庆设立领事馆和商务机构，并在租界开银行、办工厂，引入西方的资本、技术、建筑的同时，中国的民族工业也空前发展，也出现了一些大的资本家，留下一些建筑遗址。

2. 民国时期：1929 年 2 月 15 日，国民政府批准重庆为直辖市，为中华民国特别市行政区域，直隶于中央政府不入省县行政范围。这一地位促进了重庆工业的大发展。

3. 抗战时期：1944 年底全国登记的国营、民营工厂一共有 4460 家，其中重庆占了 1228 家，占总数的 28.3%，这其中抗战内迁起了很大的作用。

4. 国民经济恢复时期：由于开埠时期，陪都时期奠定的基础，新中国成立后的国民经济恢复时期，重庆工业得到进一步发展。

5. 三线建设时期：三线建设是重庆工业发展的又一次重要阶段，到现在为止，重庆市还遗留大量的三线建设项目，但是大部分在山区，交通不便，土地价值很低，散布在江津、涪陵、长寿、巴南、綦江等地。

重庆市的工业遗产非常丰富，迫切需要保护，怎么保护还值得研究，但很多项目还没有来得及研究就没有了。比如 816 工厂，1967 年开工，12000 多名官兵耗时 17 年修建，其间 76 名官兵牺牲，烈士墓至今保存，非常的悲壮。20 世纪 80 年代中期工厂局面困难，厂里的许多机器、设备、钢铁都被卖了以维持生计，目前保留的东西就已经很少了，这个项目现在正在做旅游开发。另外如天元化工厂，当时发生氯气罐爆炸事件，炸伤了很多人，还有 15 万人紧急疏散，政府专门调动了坦克来处理爆炸气罐，但几天之后所有残骸全部被当废品卖掉，可以说直接卖掉了一段历史。

四、重庆工业博物馆的概念

目前重庆的工业遗产是在很大范围内散点式分布，路程远、交通不便、间距远，从空间上增大了保护利用的难度。坦率地说，目前没有什么好的办法，这种情况下产生了修建重庆工业博物馆的想法。

重庆工业博物馆选址在重钢原址。重钢的历史非常悠久，在清末、中华民国、新中国都是三朝国有企业，由张之洞创办，从武汉搬迁到重庆，重钢的生产发展在新中国的工业历史上也是很有地位的，在 20 世纪五六十年代就有“北有鞍钢南有重钢”说法。

2006 年政府决定搬迁重钢，因为重庆市 50% 的污染是重钢“贡献”的，在 2009 年我们收购了重钢 50 平方公里的土地。当时我建议应该保留一部分原有建筑设施，不能完全拆除，而且一些重点建筑和设备还应该专门保护。当时遇到的阻力来自于经济核算，但建设工业博物馆是一个文化公益项目，不能单从经济角度计算，必须考虑到文化和历史对一个城市的地位影响。经过我们三年多的工作，在规划局等各个方面的支持下，现在政府终于将重庆工业博物馆项目列入了重庆市“十二五”规划的重大项目。

从设计概念上讲，整个规划区域大约 17 公顷，责任非常重大，我建议博物馆主馆建在轧钢厂，因为这个厂历史非常悠久，还保留了一些重要文物，比如有一台张之洞当时在英国引进的蒸汽机，它从 1906 年进口之后，一直到 1985 年才“退休”。这个东西以后就是重庆博物馆镇馆之宝。厂方现存的部分房屋和房架据分析应该是抗战时期的作品，可以加固改造，但一定不能破坏。厂方正在处理一些机械设备，但这些东西稍微修饰一下就是景观雕塑，通过创意改造就能发挥很大的利用价值。

对工业遗产的保护是社会文明进步的表现，工业遗产保护是一个大型复杂问题，在中国工业遗产加速消失的严峻局面下，应该对工业遗址的保护引起充分的重视，采取各种方式延续和传承城市工业文化的历史。工业遗产保护与开发利用相结合的方式，在西方发达国家已经有许多成功的案例，下一步我们以重钢工业遗产保护作为起点，结合各方力量，紧密合作，进一步推动重庆市工业遗产的保护利用。

重庆工业遗产价值特质

——开营仪式主旨发言之二

许东风 博士

重庆市规划局总工、办公室副主任
重庆市历史名城保护专委会副秘书长

工业遗产具有很强的地域性，内容上是当地文化的积淀，形式上也有明显的地域区别。实施工业遗产的保护，就必须清楚它的价值和特点所在。以下我从四个方面来探讨这一问题，并就重庆工业遗产的价值特质试做说明。

一、一些关于工业遗产的基本概念

1. 工业遗存和遗产：从时间和范围界定上有广义与狭义之分，狭义概念是指 18 世纪机器大生产之后，一些与工业生产环节相关的场地、设备、设施，包括为工厂提供配套服务的居住区等，都可以称为工业遗产。

2. 价值：工业遗产的价值评判以文化价值为基础、技术价值为特征、机械美学为形式。三者之间相互依存，除了一般从历史、科学、艺术角度评价外，工业遗产的价值还可以往其他方面延伸。

3. 保护：要保护其工业特征，注重真实性、完整性、片区统筹、整体性保护等保护原则。工业遗产的再利用诚然具备很高的经济价值，但目前对它的评价还要从它的真实性、完整性这几个方面去进行，因为遗产必须真实地、完整地反映历史信息，否则它的价值将大打折扣。因此对于工业遗产保护，必须以其文化价值作为出发点，保护第一。工业遗产的保护还必须进行科学论证的综合评价，抓准它的工业特征，要把核心价值认识清楚，才能正确处理保护和利用的关系。如果认为利用工业遗产里面的空间搞商业开发就是保护，那就忽略了工业遗产的真正含义，所以对于工业遗产的保护应该是有整体性的全面认识。

4. 利用：工业遗产的利用形式多种多样，现在谈得比较多的就是文化产业的结合开发。其实保护工业遗产并不排斥合理利用工业遗产，改造成博物馆、陈列馆、办公楼都可以，只要在利用过程中把真实的遗产遗迹、历史信息保留下来，把这些重要价值保护好是利用工业遗产的关键前提。

二、重庆工业发展史简况

1. 第一阶段：近代工业初创时期（1891-1937 年）

1）重庆开埠与近代工业兴起

森昌泰火柴厂是重庆第一家近代工业企业，之后在缫丝、棉纺、采矿、冶金、机械、运输、水电、建材、玻璃、制药等行业陆续发展起一批工业企业。重庆特钢的前身是冶金工业企业的代表，1935 年建成；铜元局是机械制造业代表，其设备从英国、德国进口，原址在重庆的巫家坝；城市基础设施建设方面，1929 年重庆建成的大溪沟电厂是西南最大的发电厂，而早在 1906 年，在重庆人和就建成一座水力发电厂，所以重庆利用水电起步很早。制药厂最知名的是桐君阁，是当时全国四大药行之一，与北京同仁堂齐名。

2）重庆近代工业的特点

创办时间相对比较早，最早的在晚清时代就开始创办了；主要是官办大企业，集中于生产资料、采矿、能源等重要领域；大量采用国外技术，购买国外设备，引进国外的工程师，总的来说重庆早期的工业排位在全国排第九，在西南地区是最先进的。

3）近代工业促进从农业城市向工商业城市演变

从城市演变的角度来看，重庆历史上是一个边陲农业城市，进入近代化以后城市地位显著提高，人口增加比较快，在开埠之前重庆人口不到 20 万，进入工业城市以后就增加到近 50 万人口。近代工业发展还推动了重庆城市轮廓的改变。

2. 第二阶段：陪都工业兴盛时期（1938-1949 年）

1）全国工业第一次内迁

由于日本发动侵华战争，国民政府组织了大规模的工厂内迁，其中 54% 迁至重庆，规模占大后方的 1/3。所以重庆成为东部工业基地和中国的工业之家，工业化带动重庆市的人口由不到 50 万增加到 100 多万，城市面积由原来的大概 10 几平方公里扩到 100 平方公里，带动了乡镇的发展。

2）战时工业性质

这一特殊阶段的重庆工业发展带有明显的战时工业性质，重庆成为中国兵器工业中心，兵器工业一枝独秀，各个种类百花齐放。目前重庆主城区还保留了大概有 21 座兵工厂。

3）近代工业的壮大

这一时期重庆近代工业逐步壮大，重庆已经成为一个综合性工业基地，号称“中国工业之家”，城乡工业化水平逐渐提高。

3. 第三阶段：现代工业奠基时期（1950-1963 年）

1）奠定重工业城市地位

新中国成立后重庆的城市地位仍然较高，属西南局直辖市，到 1953 年才改为省辖市。作为国家战略的基地，重庆在“一五”、“二五”计划建设时期被安排了大量的重工业项目。

2）重工业典型企业

这一时期的重要工业企业主要有 101 厂、特钢、机床厂、发电厂、造纸厂、空压厂、巴山仪表厂、狮子滩水电站等。

3）发挥现代重工业城市辐射作用，成为以重工业为主的综合性现代化工业城市。

4. 第四阶段：三线建设加速时期（1964-1980年）

1）中国现代工业建设的第二次内迁

当时国家出于战略考虑，在西南地区组织了庞大重工业内迁和建设行动，史称“三线建设”。重庆共获得118个项目、60家重点企业、42亿资金，成为中国常规武器及机械制造基地。

2）“三线建设”主要内容集中于兵器工业、船舶、航天、冶金、化工、自动化仪表等产业，重钢就是1966年从鞍钢搬迁而来，主要为大型的船舶、军舰提供大型的钢铁材料。

3）“三线建设”推动重庆城镇体系发展，形成了规模不等、职能各异的城镇体系。许多大型企业坐落于重庆远郊或者区县，依托这些企业形成了很多生产生活片区。

5. 第五阶段：改革开放后重庆工业的新时期（1980年-）

改革开放以后是重庆工业新的大发展时期，这一时期重庆工业总产值增长了20倍，工业结构快速转型。

三、重庆工业遗产类型与特征

1. 重庆工业遗产分布特点

1）三条工业聚集带：长江、嘉陵江、川黔线；

2）靠山、隐蔽、分散，布局大分散，小集中，场地进洞，临水；

3）多中心组团式：由工业卫星城和小城镇形成梅花状分布。

2. 重庆工业遗产空间环境的山地特色

1）与环境相融合的整体性；

2）与地貌相结合的层次性；

3）与重工业相联系的标志性。

3. 工业遗产类型及特征

1）行业性质：以重工业为主，主要有军工、机械、化工、船舶等行业；

2）建筑形态：富有特色，主要有单层厂房、多层厂房、山洞车间、办公楼及民用建筑；

3）结构形式：主要有砖木混合、钢混结构、钢结构等；

4）建筑风格：主要有折中式、仿苏式、古典中式、传统民居式等，呈现典型的重工业建筑形象。

四、国内外工业遗产保护概况

1. 国外工业遗产保护理论的兴起和发展

国外工业遗产保护发展阶段领先于我国，从《威尼斯宪章》到《下塔吉尔宪章》，已经形成一套完备的理论依据，树立了整体保护观。国外工业遗产保护理论研究中注重多角度和多学科交叉，并不断探索新的方法。在运作实践中，多采用整体更新的方式保护工业遗产、建筑、历史街区等。工业遗产整体性保护已经取得丰硕成果与经验，很多工业遗产保护项目已经被列入世界文化遗产，其中较为典型的包括欧洲工业遗产之路、道克兰码头更新、德国鲁尔区埃森煤矿、帝森钢厂、弗尔克林根及格斯拉尔整体保护等项目。整体保护观、整体规划策划、政府主导示范，是西方工业遗产保护带给我们的重要启示。

2. 国内工业遗产保护的发展

国内工业遗产保护认识的觉醒是从21世纪开始的，从无锡建议到国家文物局通知，再到北京倡议，逐步开始引起重视。但目前还普遍存在重利用轻保护的问题，很多有价值的工业遗产都搞得面目全非，看不出是老厂还是新建的。可喜的是，国内工业遗产保护理念与实践探索正在进一步深入，逐步由单体保护向片区保护演变，片区保护并不是一定要把整个厂区全部保留下来，只是把工业文化最具价值的区域通过调研、评价、论证以后作为保护片区，周边地块还是可以进行其他开发，以文化价值带动周边地价的提高。目前较为成功的项目有北京焦化厂、首钢保护片区、798艺术区、上海8号桥、田子坊、世博园、棉纺17厂、南京1865、广州信义会馆等。

3. 重钢工业遗产保护的规划思考

整个重钢地块在做规划时也提出了工业保护概念，但是对于怎么保护说法不一，决策也没有统一。重钢这个重要的工业遗产最主要的特点是什么？我们认为就是“钢铁是怎样炼成的”，同时还要保留山水要素，实现类型多样化的空间格局。这一整体保护理念在我们做重钢规划的时候得到支持和贯彻，明确了不可能出让所有的土地，必须满足公共建筑、道路、绿地所需，发挥了规划的调控作用。

我们花了一年多的时间调研重钢从铁矿石炼成铁水送到车间砸成锭然后送到轧钢厂的生产格局和流程。我们认为仅仅一个轧钢车间既代表不了钢铁工业的流程，也代表不了重钢工业文化的全部，所以我们在格局上提出重点流程项目的整体保护。但是留下来的怎么安排？我们通过规划的调控，把文化广场和绿地放在炼铁厂的区域，没有安排房地产开发用地。老办公楼我们把它规划为社区医院，还规划了钢铁文化广场、工业产业园、学校等。在规划阶段如果不做好这些工作也是一种破坏，这是我们深有体会的。我们现在把重钢的要素归纳为两带，今后重庆工业博物馆项目建成后也会带动整个重钢地块，所以遗产保护和片区开发要放在一起。

目前，我国的城市化进程已经开始步入由功能城市向文化城市的转型过程，毋庸置疑，一个21世纪的成功城市肯定是一个文化城市，科学合理地进行工业遗产保护利用是促进城市转型的重要一环。

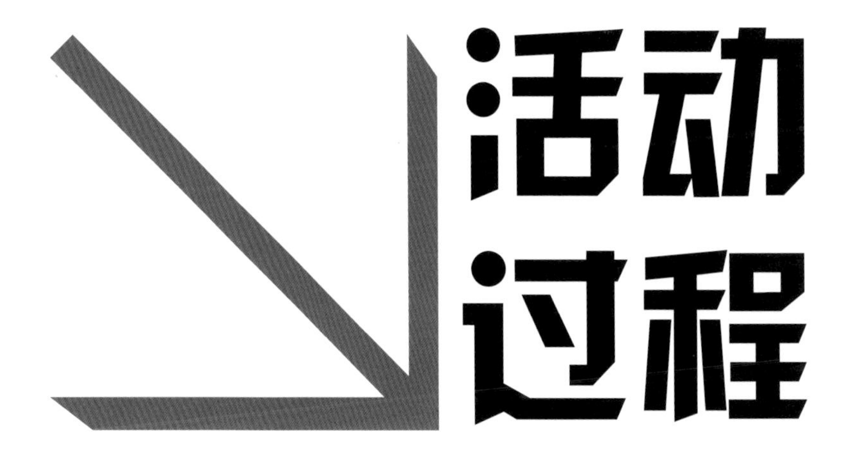
活动
过程

SPORT

>> 开营仪式

第四届四校联合毕业设计营于 2011 年 12 月 14 日在四川美术学院新媒体艺术中心举行开营仪式，同时举办了“重庆工业遗产保护”论坛，四校师生代表和重庆工业遗产保护专家在论坛上做了精彩发言。会后，各校师生分组进行了场地考察调研。

——开营仪式师生合影

>> 中期评图

2012 年 4 月 8 日～4 月 13 日，本次四校联合毕业设计营中期评图工作先后在北京、上海、广州、重庆进行。

>> 中央美术学院站

黄　耘： 同学们在前期对重钢理解还是比较深入，第一位同学的工业博物馆方案的特点是他在理解大尺度上面增加了利用大空间，给我印象最深的是利用内部连廊和吊在桁架上的多媒体中心等。

莫弘之： 对于重庆这样一个山地城市，同学们在设计过程中，等高线的关系我们要非常密切地去考虑。

卢海峰： 前期的方案里最打动我的一个核心价值在于大尺度，就是说，超大的尺度跟人之间的小尺度之间的关系，与空间的无序性，我觉得这应该可以作为整个组比较核心的价值观。

李　钢： 我觉得你有一个好的概念，但是，你没有一个设计手法把它统一起来，这一点比较遗憾。

张新友： 在这个无序中间怎么去找到有序的关系，从生态的关系怎么去做它的恢复，这么大的场地怎么去做，值得进一步思考。

朱应新： 我感觉到他还是有自己的观念，通过植物的方式对土壤的修复，至于成不成功，或者多少年能成功，这是我们后面要进行分析的一个结果了。

魏　婷： 在我看来，体验中心路线是很重要的，什么人来也很重要，来了以后以什么路线走，他体验到什么内容，都是最重要的，我觉得这是它设计的本质。

周秋行： 三位同学从不同的角度反映出你们自己对这一系列问题的思考，相比有的做得很大的组，反而没有像你们这组落脚落到一个单一的问题，有针对性去做很多的探讨，我觉得这是非常可取的思路。

上海大學美術學院
FINE ARTS COLLEGE SHANGHAI UNIVERSITY

>>上海大学美术学院站

张新友：

看了两组同学的设计，我觉得从纵向、横向，还有空间的连接都是比较全面的，但我们还要从大的规划着眼，要和整个城市有一个关联关系。

黄　耘：

我们总归有三个东西需要考虑，A是现状，B是你们的空间措施，C是你们的空间形态。实际上我建议你们也在这三个层面上去考虑，现状有什么，你们都说清楚了，C我还没看到，但是B更重要，就是在A和C之间的一个空间措施。

韩　涛：

感受最深的是同学们对过程的把握，比如第一组同学分的三个阶段，保护、培育和再生，它是跟时间有关。第二组同学提出从粉末城市到水墨城市，题目比较吸引人，无论是关键词还是题目，把过程作为一个强有力的姿态表达出来，这一点我印象深刻。

卢海峰：

回想刚才王老师说的大处和小处，我觉得小处才是难点所在。我认为你们前期的大处做得很好了，方向性都很好，到小处再往下做的时候要慎重。

吴祥艳：

我觉得两组同学在整体的概念上、宏观的架构上做得都很好，尤其是第一组的同学给我印象特别深刻，就是你的三个阶段里面的保护阶段，逻辑性和现状功能的把握很好。我的兴奋点是在你们的再生阶段，这个时候应该有一些畅想的东西。

朱应新：

落实到具体功能区域设计的时候，这种设计的依据是什么，比如设立这个电影创意产业园，它设立的依据是政府主导的还是城市产业有这种结构上的需要，从一个观念转移到实际的操作过程当中，我觉得应该有一个更明确的依据来源会让人更加信服。

周秋行：

既然有了插接建筑，我们就要考虑到重庆气候特征，这个因素造成你的建筑可能会发生改变，这也叫插接。重庆到了夏季很闷热，这个插接你们怎么去变，我觉得回到这个步骤上你们可以玩得更精彩一些。

四校联合毕业设计营

四校联合毕业设计营 ·

重庆钢铁厂改造
环境艺术设计学院2012届

>>广州美术学院站

王海松：

这一组可以说是从上午到现在我们看到做得最好的一组了，整个面貌非常完整，就算拿到其他院校去，也是一个范例。

韩　涛：

这组同学最难得的是把 5 个人的工作做得像 1 个人做的一样，这一点做得非常好。而对于旧建筑的保留可能还需要思考。像你们前期做的分析中有一块是分析结构的，我想能不能在建筑中增加一些场景，比如保留一组桁架，让人们能够感受到这个建筑原先的状态。

魏　秦：

景观部分，可以将旧钢厂的特点处理得更加突出为好，比如入口大门应做视觉强调，在选材上注重旧工业元素的采用。

黄　耘：

我们在做一个项目之前，要整体地了解它的历史文脉以及场地精神。否则，就如同做了一次这样的接骨手术：先把病人的腿打断，然后完好地接回去。表面看似成功，但却让人怀疑它的意义何在。

2年四校联合

王海松：

世博会有三个“秀”：一个是生锈的锈，一个秀色的秀，还有一个是修。你们也有三个“迹”：记、寄、迹。你们把这三个做好就行了。

杨 岩：

新老建筑是融合的，老的建筑跟新的人群之间、跟所有的新改造做法之间会发生所谓的生态关系，怎样把这种生态关系呈现出来，需要思考，所以内容上我觉得应该补充进去。

傅 祎：

量化的东西要有一些限定，这些限定可以基于调研，也可以请教老师，约定俗成的一些东西，可能先有所界定，之后对应到你们直接对空间的感受就会非常有灵感，可以对应到你们空间载体里再去做下一步的设计，不妨往回追溯一下。

丁 圆：

如何定义这个新集体主义，新集体主义跟我们现在所提的建立城市公共空间体系，建立亲密的邻里关系，这种方式之间有什么不同，首先在这个方式上要做一个完整的定义。

曾芷君：

年轻人可以充分发挥你的想象力，不要害怕。不要做得太一般了，就像刚才“在云端”那个方案，我觉得是同学思维打开后的面貌，哪怕后面再停一停，他的结果也很好，我们一定不能缺乏想象力。

虞大鹏：

这些建筑语言，包括手印、材料语言上的墙之间的关联性也是跟你指导教师的意见有点相似，都很分散，单独看一个手印，单独去看一面墙，这种材料你自己考虑一下是哪里得来的，是你需要这种语言呢，还是从某些方面独立地看特别有兴趣，你才引进来的。

魏 秦：

将很老的一个东西做成一个很高端的东西，非常刺激。你们最后的成果要做得完整一点。现在的方案概念很强了，工作也做得很到位，但是我们希望最后有一个好的结果。

>>设计作品展及“美术院校建筑教育研讨会”

2012年6月3日，“涅槃——2012年第四届四校联合毕业设计作品展”开幕式及“美术院校建筑教育研讨会”在重庆501艺术基地隆重举行，来自四所院校的教师代表出席开幕式并现场点评优秀作品。在随后的“美术院校建筑教育研讨会”上，各校教师就四校联合毕业设计营的总结与未来走向，美术院校办建筑教育的特色，美术院校建筑教育的学科建设、申报、评估等三个主题展开热烈研讨，开幕式和研讨会取得圆满成功。

届四校联合毕业
重钢工业遗产
OINED WORKSHOP EXHIBITION

教　师
提名奖
作品

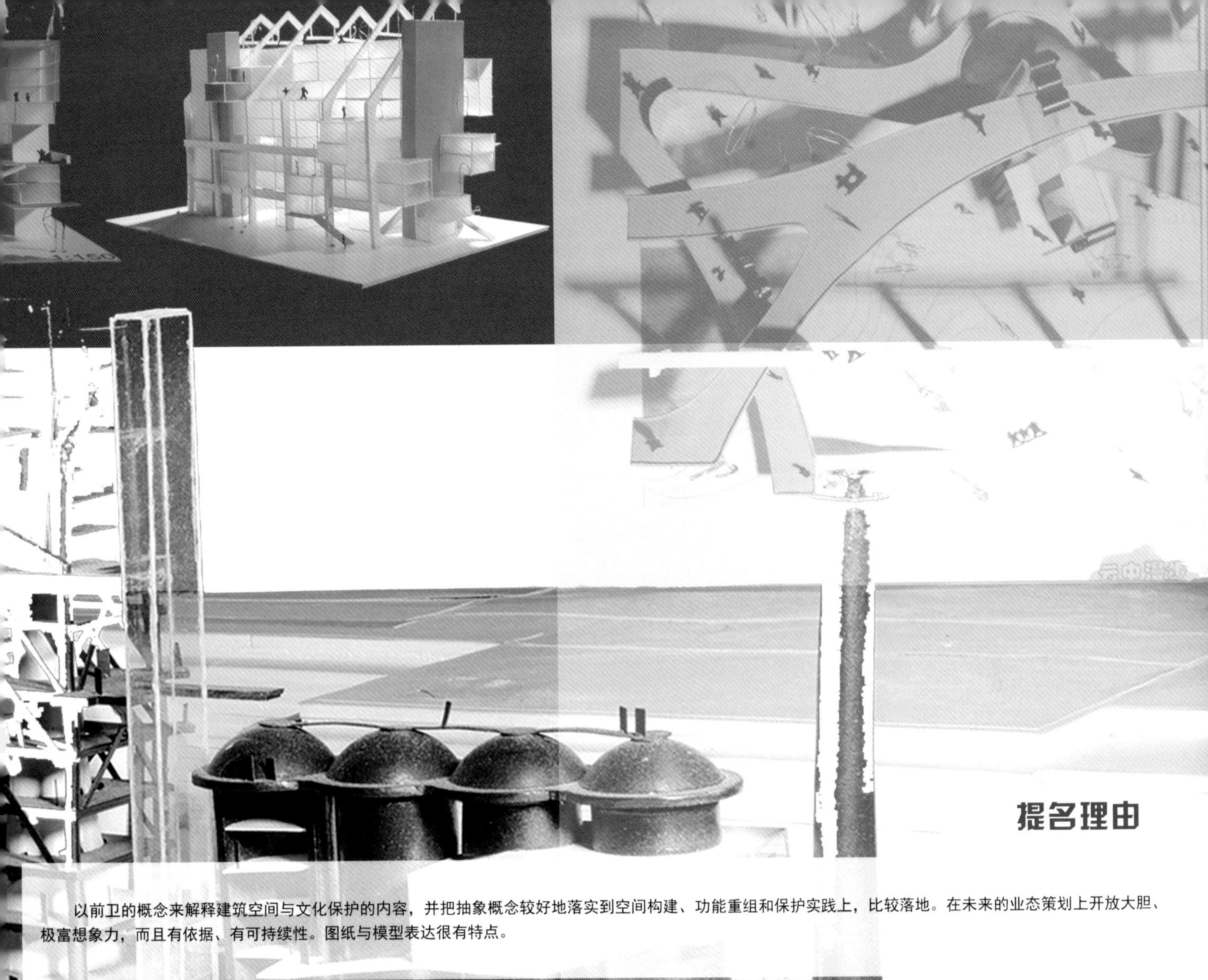

提名理由

以前卫的概念来解释建筑空间与文化保护的内容，并把抽象概念较好地落实到空间构建、功能重组和保护实践上，比较落地。在未来的业态策划上开放大胆、极富想象力，而且有依据、有可持续性。图纸与模型表达很有特点。

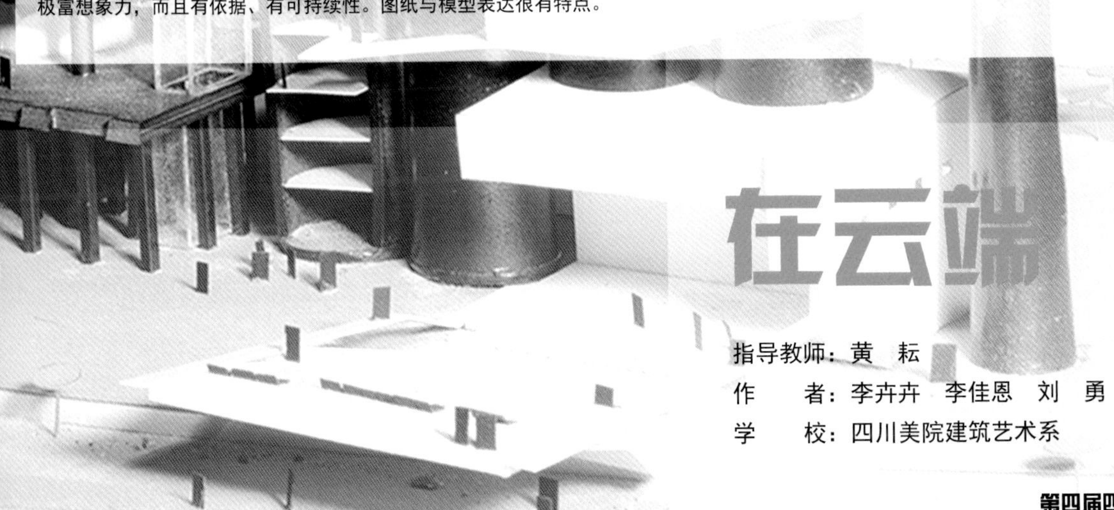

在云端

指导教师：黄　耘
作　　者：李卉卉　李佳恩　刘　勇
学　　校：四川美院建筑艺术系

设计说明

该项目以百年重钢搬迁结束了一个时代，以工业老区正重新定位城市功能为背景，积极尝试植入新的技术产业——云，将当代技术产业与工业遗产相结合，突破常规的工业遗产保护手法，寻找创造最当下的建筑空间，让破落的重钢重新焕发新的生机和活力，让人们体验当下“云生活、云商务、云教育、云娱乐”的云时代。

选地理由

(1) 炼铁厂具有自身独特的一系列工序，缺一不可，炼铁五厂的渣池、出铁车间、热炉、热风炉是炼铁工序的主要组成部分。

(2) 建筑体量上的特殊性，工厂建筑的集中表现，高体量和小空间，大空间与大跨度，有很强的可塑性和标志性。

(3) 场地靠近城市居住区，位于城区与厂区的交界面上，与城区有良好的互动关系，并能成为老重钢区的咽喉，带领老重钢实现产业更新发展。

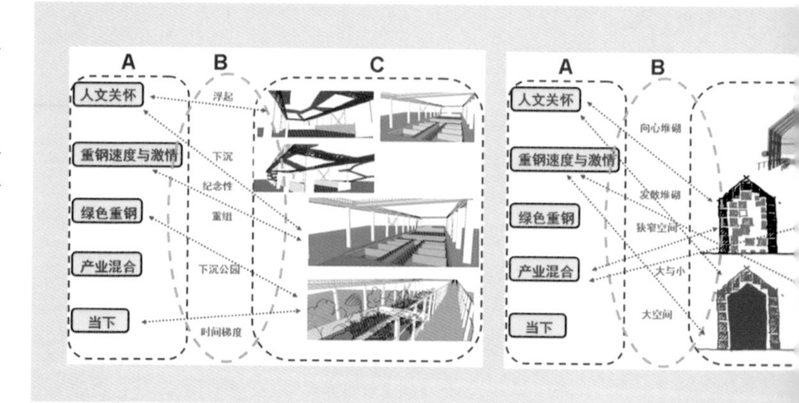

概念推演

人文关怀
让 人文 回归 城市

a. 当地原住民的经济来源、生活丰富度的缺失？
解决方法：给再就业创造机会、为生活增加自由度。
b. 怎么吸引从城市其他地方的城市移民？
解决方法：完善的生活氛围、可持续、健康的生活状态。

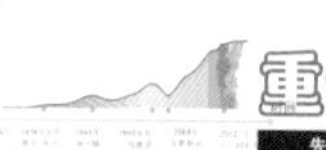

重钢速度
先 故事 后 空间

a. 工业遗产文脉断裂与缺失？
解决方法：我们以新的“重钢速度”重拾那段激情燃烧的岁月。
b. 怎么营造工业文明空间？
解决方法：收集回忆的载体——纪念性场所。

绿色重钢
让 生态 回归 城市

a. 重钢改造是必需？
解决方法：还大渡口“山清、水秀、天更蓝”。
b. 重钢改造是无奈？
解决方法：人情味、回忆、交流、时间梯度。

a. 这里寸土寸金，公园怎么赚钱？若仅是一个公园，怎么实现？
解决方法：既是公园，又是“云”服务终端产业土地增值。
b. 如何合理配置资源，弥补产业空心化，打造区域新文化？
解决方法：“云”业态多样混合、灵活组合、打破地域界限，营造创新的生活方式。

当下
“云”生活

当下社会需要什么？
解决方法：产业工人、留守儿童社会福利、低收入、尊严。

云
模糊性
全球性
开放性
人文性
网络性
时间性
共享性
多面性
虚拟性
移动

推敲过程

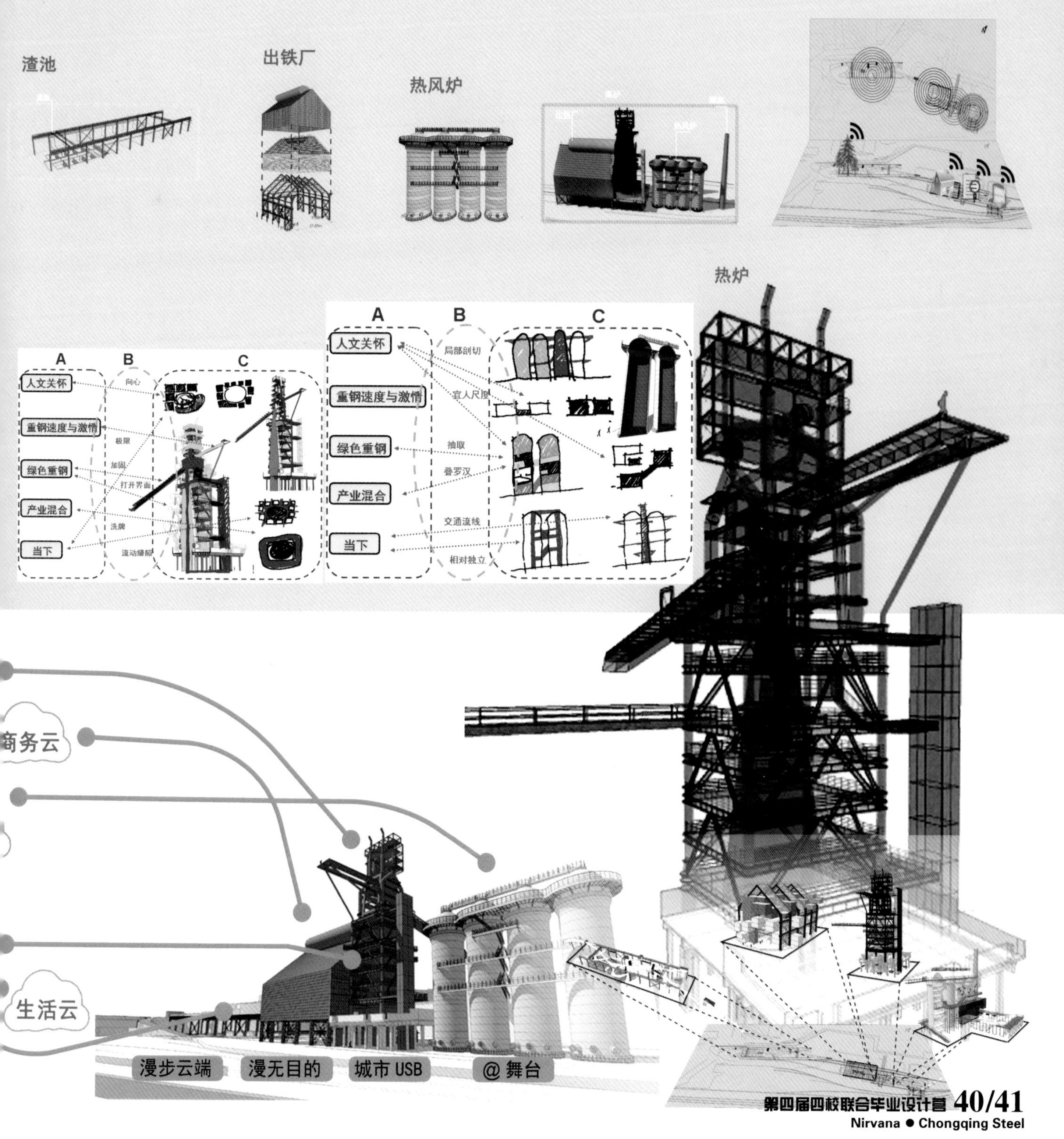
渣池
出铁厂
热风炉
热炉
A
B
C
人文关怀
重钢速度与激情
绿色重钢
产业混合
当下
向心
极限
加固
打开界面
洗牌
流动播放
局部剖切
宜人尺度
抽取
叠罗汉
交通流线
相对独立
商务云
生活云
漫步云端
漫无目的
城市 USB
@ 舞台

总体规划

云中漫步(立体景观空间)

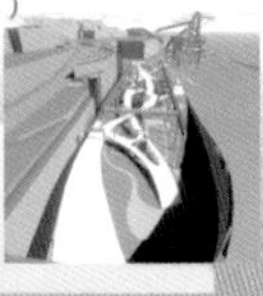

作为进入场地的景观绿化主要节点，空间丰富、层次多样，流连其中能感受虚拟空间的惊喜，体现“云”的虚拟性和不确定性。

@舞台

一个多种组合可能性的多功能舞台，各种大、中、小的剧场和会议厅，满足不同演出要求。

漫无目的(特色商业空间)

以打造“商务云”倡导“行为主动性”为设计初衷，体验云计算”在建筑空间层面上为人们营造新的购物生活新方式。

城市USB

运用“云技术”打造电子图书馆空间，根据热炉高塔特殊空间，营造富有层次开敞式阅读学习交流互动空间，信息无障碍发布和下载，作为重钢对外的城市客厅。

设计理念 主要以“行为主动性”为设计初衷，体现“边…边…边…”，这是当下生活中的常见现象——例如人们喜欢边和朋友吃饭、边聊天、边微博。将保留建筑大框架，打造许多小粒子的集合体，将当下生活中的信息汇聚于此，如同网络，人们来到这里随着行进路线不同，所途经的空间内容就有所不同，以达到建筑的灵活性。在人们漫无目的的生活中制造不同的惊喜，让人们自己选择、安排生活。

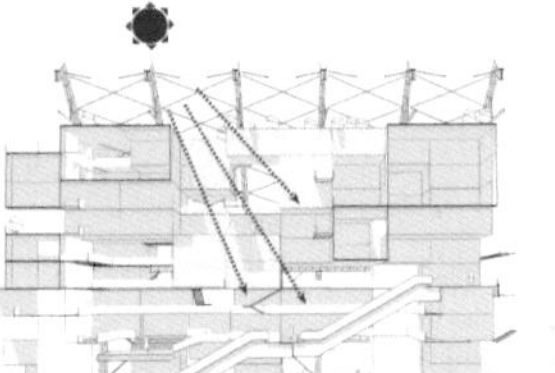

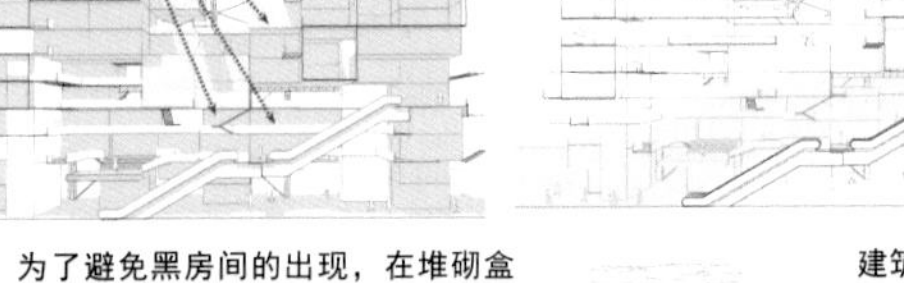

为了避免黑房间的出现，在堆砌盒体时，经历保持“回”字形，形成中庭提高建筑的内部自然采光。

建筑下层通透开阔，有助于建筑内部空气循环流通，同时与相邻的云中漫步和城市USB形成开放的交通连接。

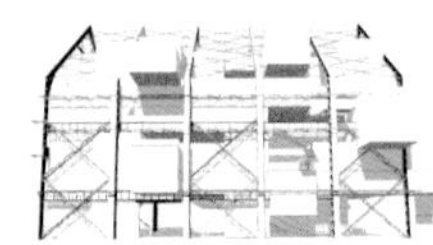

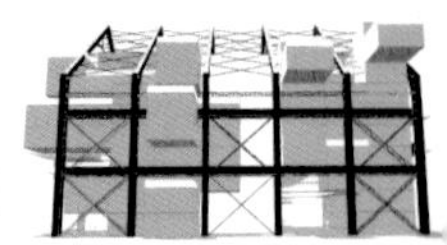

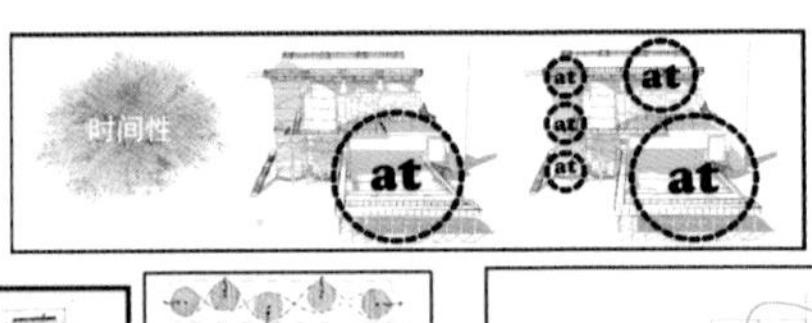

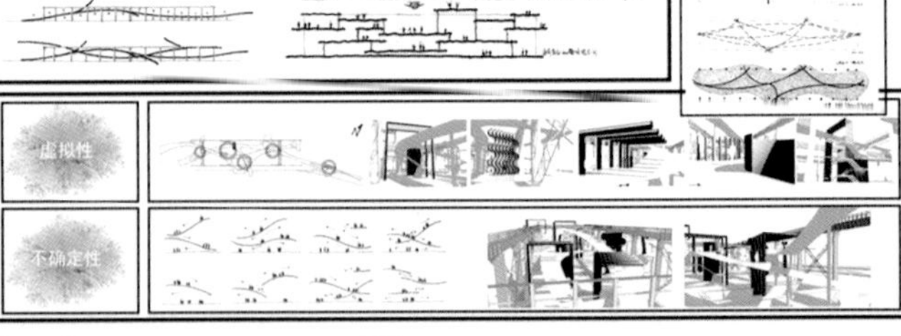

建筑内部的交通变化多样体现云的无序性的特点

建筑由6*6*6M的盒体堆积而成，盒子的组合方式可以随着使用功能的变化产生变化。在空间使用中体现云的多面性。

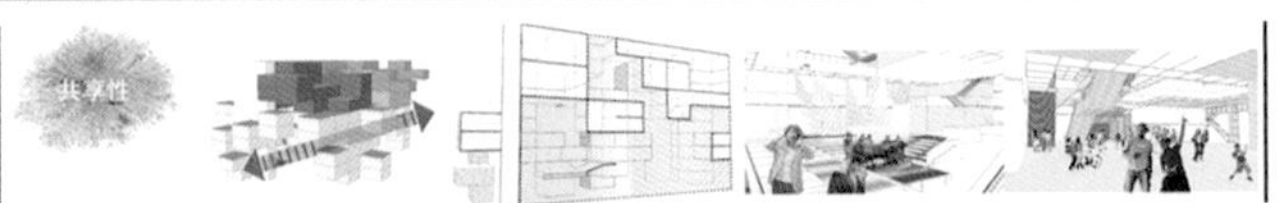

建筑盒体主要集中在建筑上部，下层较为开阔，形成大小不同的共享空间，体现云的共享性

盒体堆积变化多样，形成许多丰富的建筑内部虚空间，以及建筑外轮廓的不确定感，体现云的模糊性

这里原本是整个炼铁厂的心脏——热炉，我们保留外部承重的钢铁构架和热炉表皮，打造一个新型的电子图书馆兼收集和发布各类信息的数据处理终端。

该项目是一个多功能立体舞台，可以一个大舞台单独演出，还可以将所有中小型剧场同时加入演出，形成@的加入方式，各种大、中、小剧场满足不同的演出需要，目的是打造一个丰富的、充满活力的娱乐空间的客厅，与世界共享我们最新动态。

多种大中小剧场、舞台、讲座同时开展，你可以边听演唱会，边关注讲座内容，边看话剧边分享感受。

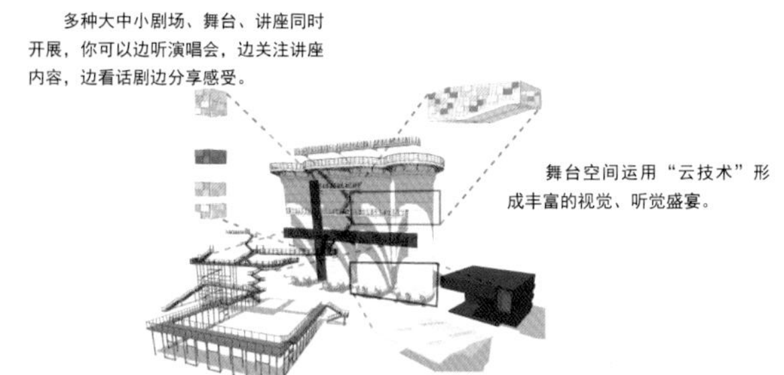

舞台空间运用“云技术”形成丰富的视觉、听觉盛宴。

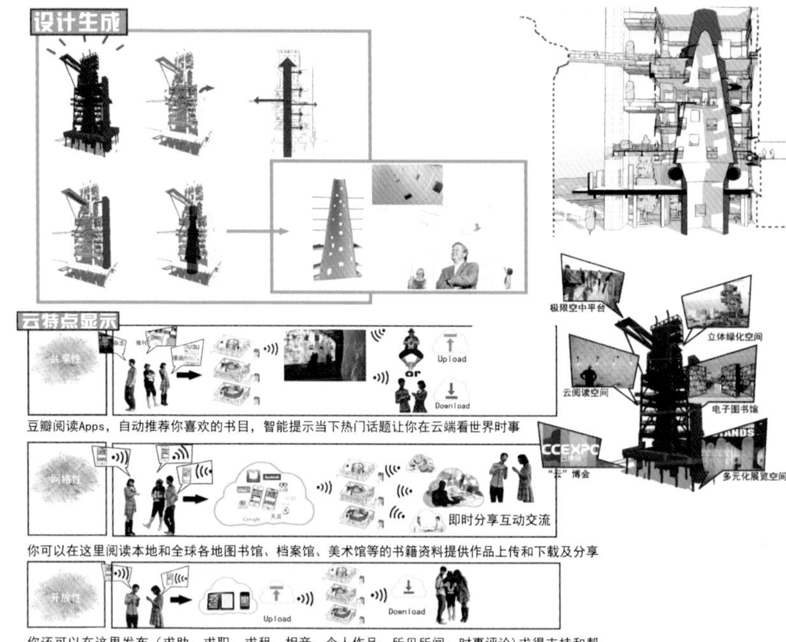

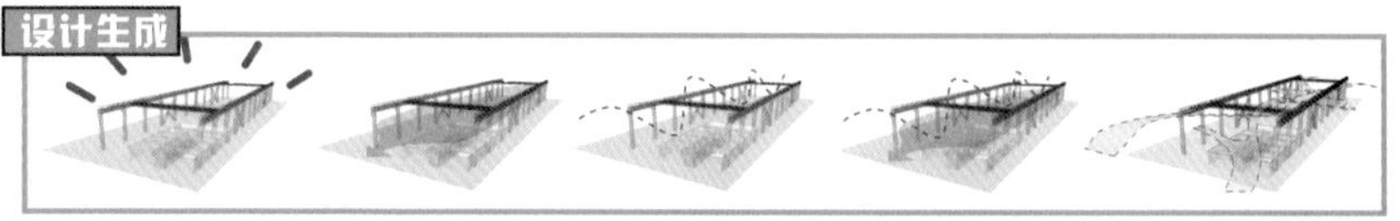

豆瓣阅读Apps，自动推荐你喜欢的书目，智能提示当下热门话题让你在云端看世界时事

你可以在这里阅读本地和全球各地图书馆、档案馆、美术馆等的书籍资料提供作品上传和下载及分享

你还可以在这里发布（求助、求职、求租、相亲、个人作品、所见所闻、时事评论）求得支持和帮助，同时也可以获得或下载自己需要的多种信息

设计生成

“在云端”的check in场地的主要景观是“在云端”的绿肺。上下起伏交错的交通方式、不期而遇的场所感、虚与实的对比营造出了似有似无的空间。

分型社区

指导教师：谢一雄

作　　者：廖大为　杨一龙　孙锦瑶

学　　校：四川美院建筑艺术系

提名理由

采用了解构的方式，把工业遗产作为核心，把建筑功能作为区域，以工业廊道作为媒介加以连接，阐明了由大到小、由整体到局部的空间关系。模型表达非常有特点，完全不同于一般的做法。

前言

我们希望在这次设计中更多地去关心人们心里真正的需求和选择性地解决一些社会问题，所以我们选择了社区这个背景，引入分型概念并吸收集体主义精神的优秀内容，营造一个由工业遗产公共空间引导的居住型社区。

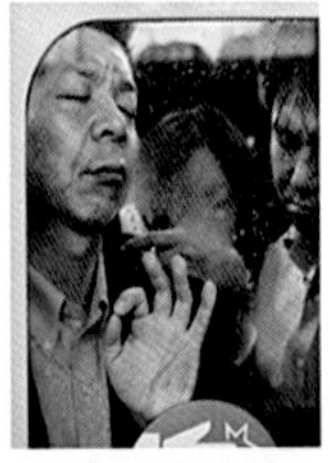

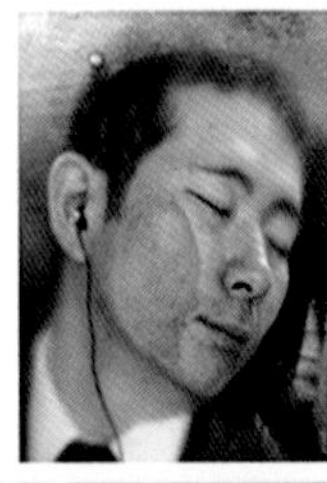

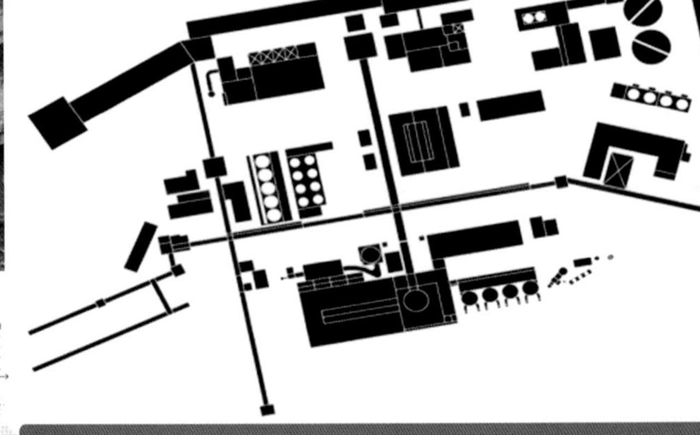

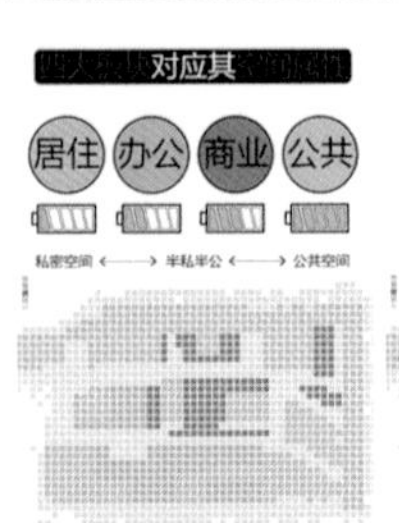

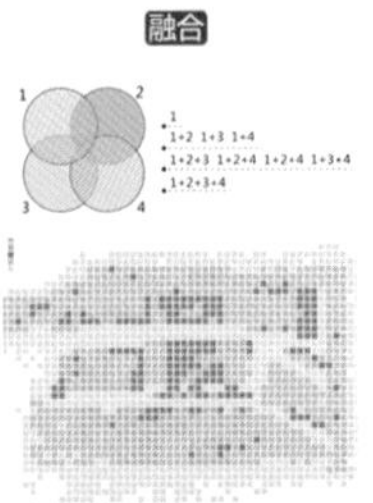

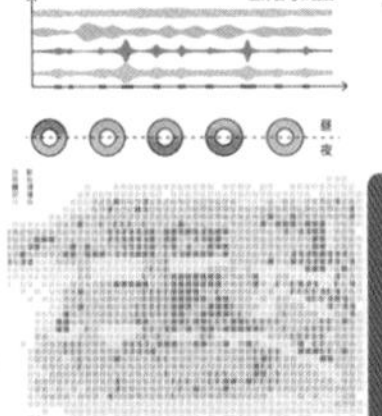

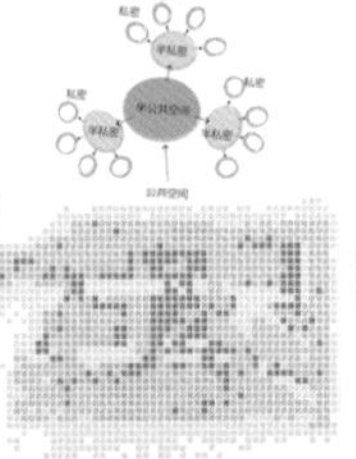

在现场考察之初，我们选择了炼铁厂作为我们设计的范围，它强烈的工业感和巨大的工业建筑尺度吸引了我们。我们希望通过这块场地来实现我们的理想。设计之前，我们做了大量的基础工作——实地测量、原有建筑模型的建立、社会调查、资料查找等。

概念推演

分型，是一非整数维形式充填空间的形态特征，以同一个完整的空间模型去在不同尺度的空间里解决多种问题。

社区空间可分为三个层级：社区、区域或组团和单体建筑。每个尺度的空间都贯彻单元模型的指导，以遗产为核心有效地划分区域并建立媒介将各区域功能和空间进行有效融合联系。

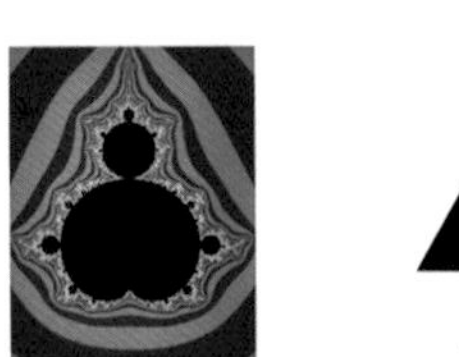

单元模型

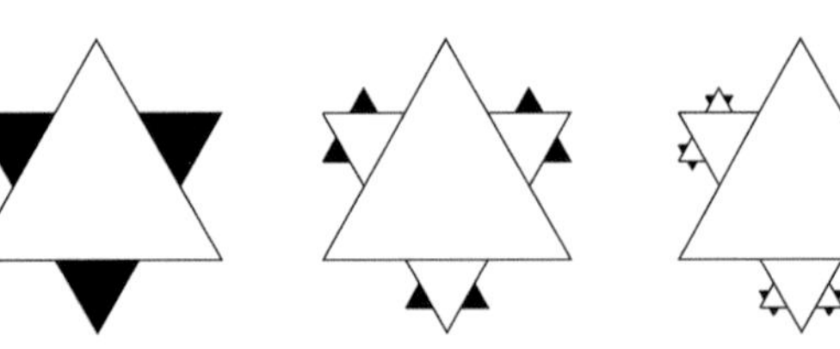

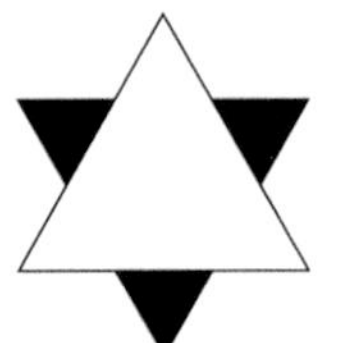

整体规划

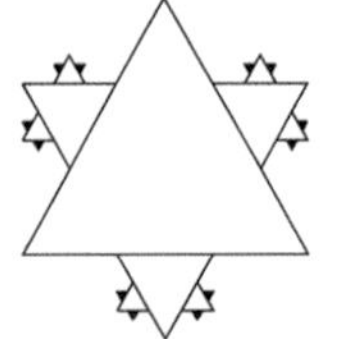

区域组团

建筑单体

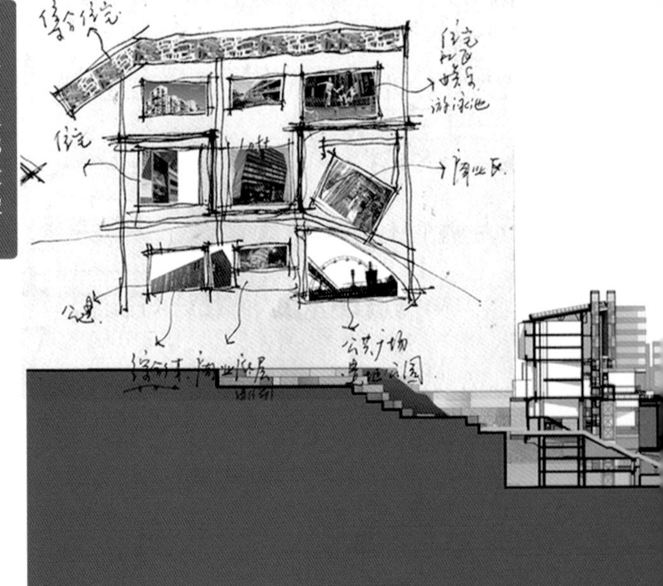

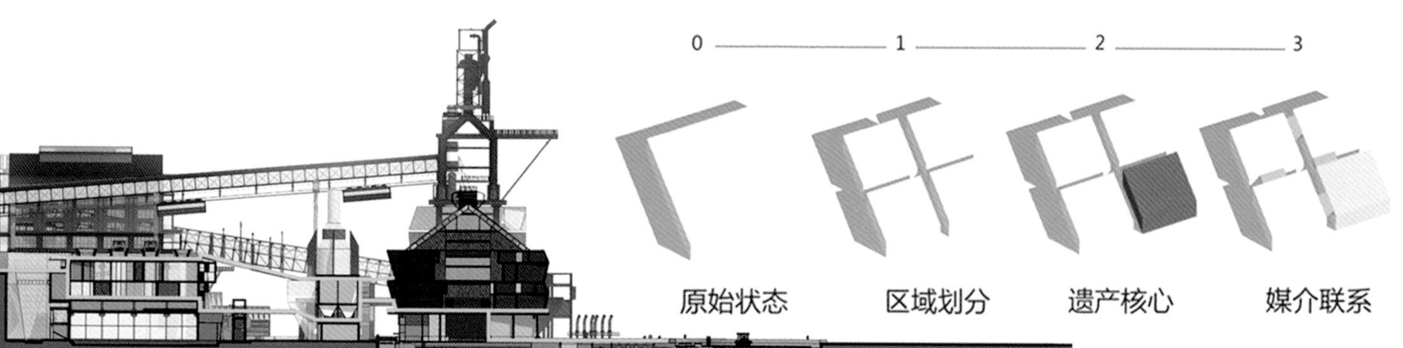
0
1
2
3
原始状态
区域划分
遗产核心
媒介联系

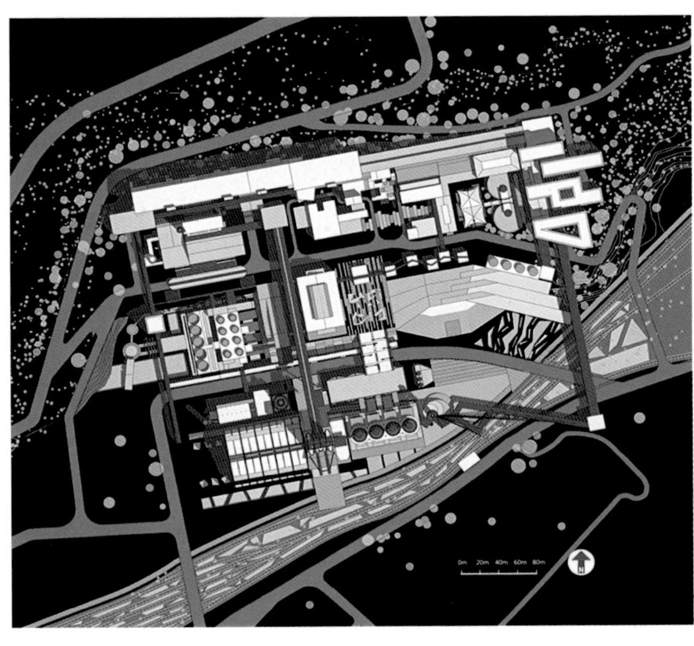

总图的调整

整体的规划经历了三次调整，在概念的指导下完成。不断调整的过程也是完善概念的过程，时不时地会有一些新的想法对概念进行补充，同时反过来又对设计进行修改。整体组团形成了最具工业特征的建筑物为核心的 A（居住区）、B（商业餐饮区）、C（办公区）、D（公园旅游区）四个区域。

公共媒介的建立

我们希望在厂区改造后的社区内部，除了拥有对外开放的地面层级，在结合地形和现状还拥有一个更为开放的公共层级；这个层级将会以一个观念性的整体统一和局部复杂的平台形式出现，由这个层级串联起整个场地的功能流线，建筑实体。

这一个公共媒介平台的建立从竖向上解决单体建筑的公共空间的重塑，从横向上解决整个场地的建筑与建筑之间的公共空间重塑，从而使整个场地在不失去原有工业建筑特点的同时，又是紧密联系在一起的整体区域。

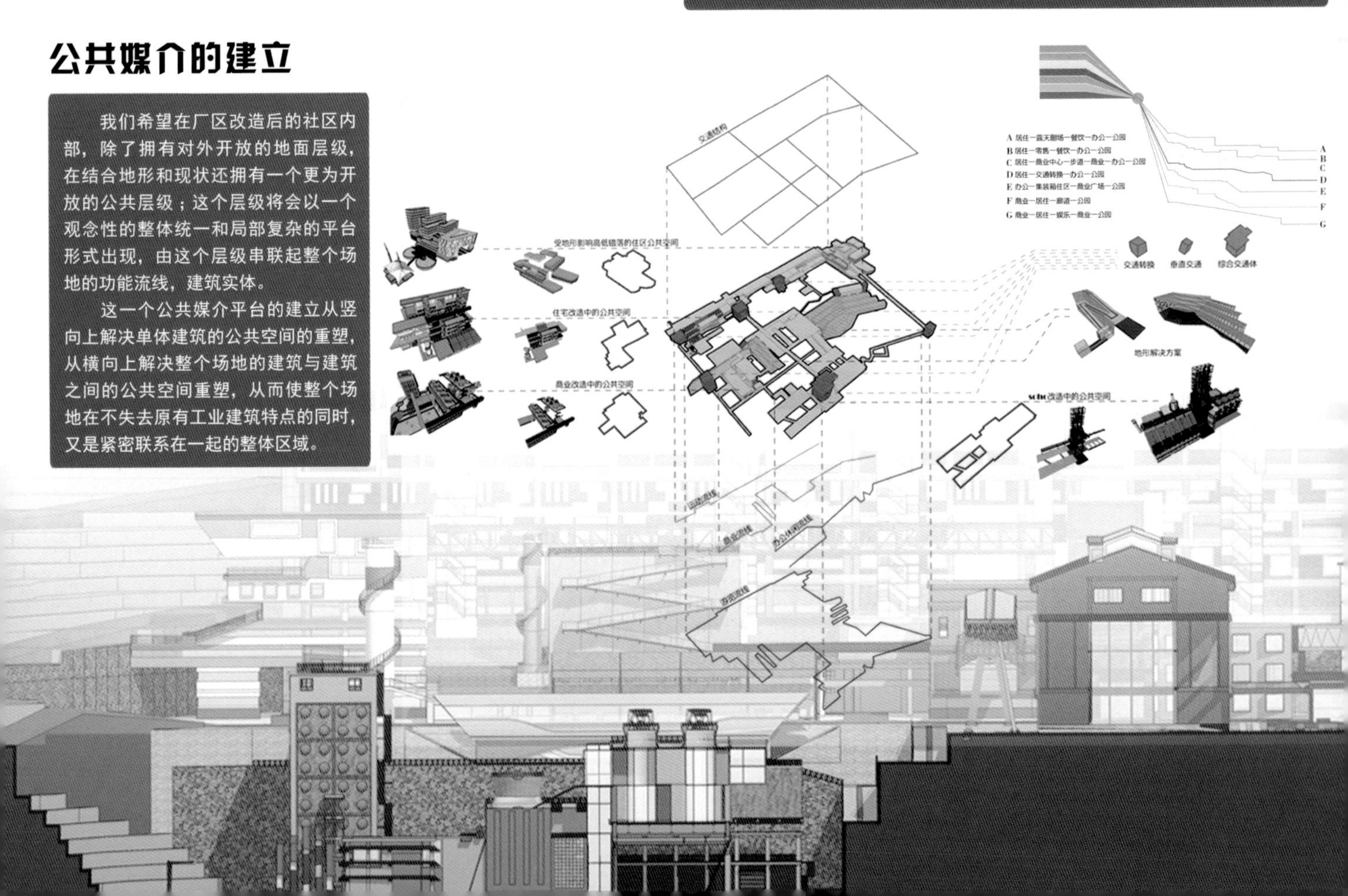

在进行单体建筑的设计时，我们会灵活地调整作为公共空间工业遗址核心的分布来组织单体建筑内部以及单体建筑与建筑之间的居民的公共活动，通过这样的方式加强社区内居民的交流。

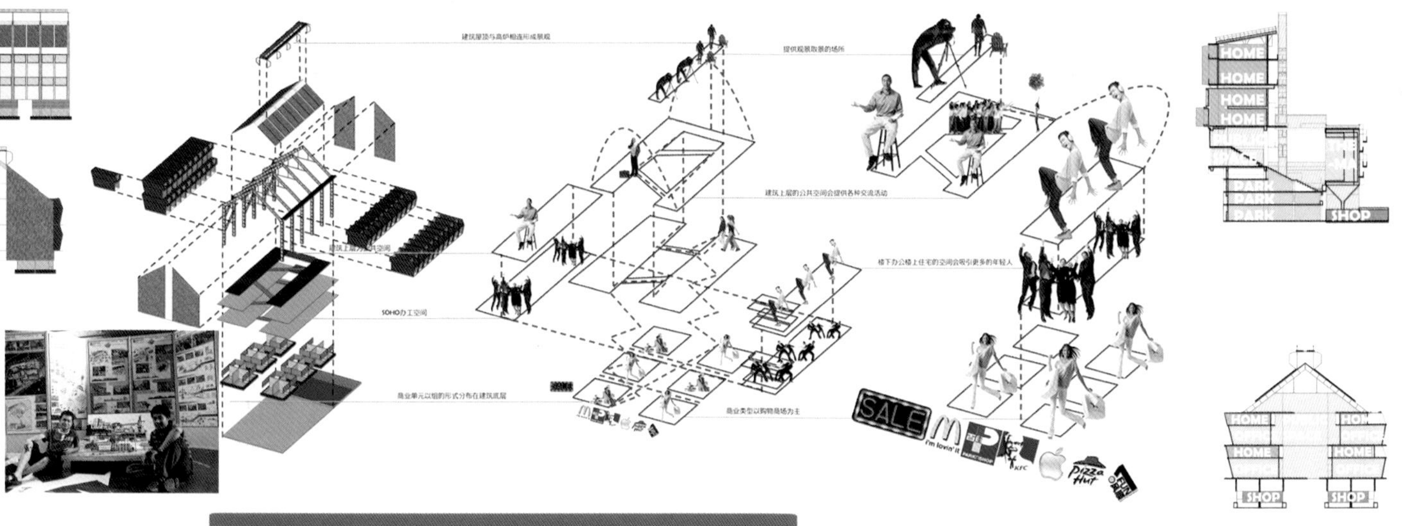

在实体模型材料的选择上我们进行了激烈的讨论，最后选择电路板作为模型表现的主要材料，希望通过它自身的肌理来表现工业遗址那种粗犷的韵味，同时又不失设计改造后的时代感。

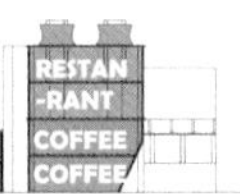

重构生命体

指导教师：张新友　龙国跃
作　　者：萨日娜　杜欣波　黄婷玉　王　淦
学　　校：四川美术学院设计学院环艺系

提名理由

把场地和建筑作为一个有生命的对象来看待，采用生态、交通、建筑功能变化，尤其是情景化的方式来重构和延续这个生命体。相较中期检查，作品水平提升跨度很大，进步明显，而且设计合理。

场地选择：本次设计场地选择，焦化厂区——球体矿堆料场地段。该地段内涵重钢污染最为严重的焦化厂区和第三高炉车间建筑，也是厂区主要入口地段，运输系统错综复杂。焦化厂建筑和高炉建筑也是重钢厂区内部厂房建筑代表。对其保留改造从建筑外形到内部结构，从室内到景观都是较为合适的选择。

重钢焦化厂——球团厂堆料场区天际线示意图

主题选择

用生命体成长方式和构成将本次设计分为四个系统阐述，分别是：生态系统设计——延续的生命；交通系统设计——行走的脉络；情感情境设计——曾经的完美；室内博物馆设计——凝固的记忆。通过这个四个方向，将重钢场地的固有元素和记忆，通过设计重组而成为一个以重钢情感为主线的公园景观。

每个设计方向重点

>> 延续的生命：对重钢生态系统恢复设计，着重在生长性景观和场地土壤改造以及水循环的治理和运用设计。
>> 行走的脉络：对重钢厂区内部交通系统的改造和重塑，改善厂区内部交通通达同时植入体验设计的体验性。
>> 曾经的完美：对重钢情感的挖掘与体现设计，利用重钢原有建筑或材料设施进行保留改造的景观设计。
>> 凝固的记忆：第三高炉车间改造、焦化炉体验植入室内设计。

守望者

结合场地交通改造中对场地传送带的保留改造，将残垣断壁前广场的传送带中转站作保留设计，结合重钢钢铁形象，将火焰的元素物体附着于中转站外部形态。形态同时酷似人脸，就如重钢工人一般静静在此地“守望”着重钢，同时中转站内部设计了激光设备，能在夜晚用激光光线的形式将几个中转站连接起来，模拟传送带完成形态，并对应地面园路方向对其进行方向引导的情感景观。

>>曾经的完美

残垣断壁

根据场地现有旧厂房的布局和形式，筛选具有代表性的建筑墙面将其保留改造，建筑其他部分则去除，形成一个“墙阵”景观。并结合生态改造理念的植入和情感元素的保留融入，使这个地块更好地将情感与情境相结合，从而达到情感保留的作用。

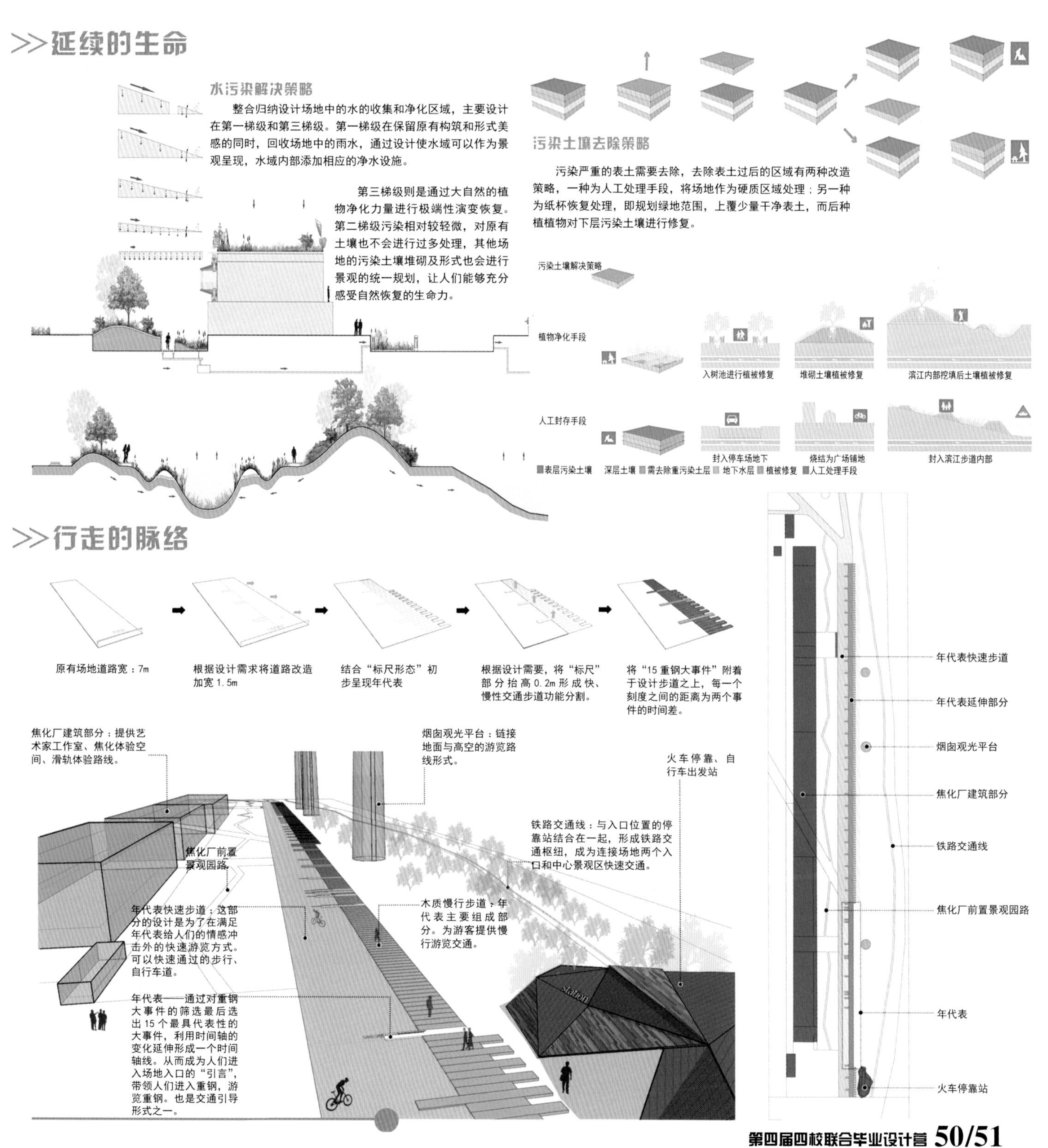
>>延续的生命
水污染解决策略
整合归纳设计场地中的水的收集和净化区域，主要设计在第一梯级和第三梯级。第一梯级在保留原有构筑和形式美感的同时，回收场地中的雨水，通过设计使水域可以作为景观呈现，水域内部添加相应的净水设施。
第三梯级则是通过大自然的植物净化力量进行极端性演变恢复。第二梯级污染相对较轻微，对原有土壤也不会进行过多处理，其他场地的污染土壤堆砌及形式也会进行景观的统一规划，让人们能够充分感受自然恢复的生命力。
污染土壤去除策略
污染严重的表土需要去除，去除表土过后的区域有两种改造策略，一种为人工处理手段，将场地作为硬质区域处理；另一种为纸杯恢复处理，即规划绿地范围，上覆少量干净表土，而后种植植物对下层污染土壤进行修复。
污染土壤解决策略
植物净化手段
入树池进行植被修复
堆砌土壤植被修复
滨江内部挖填后土壤植被修复
人工封存手段
封入停车场地下
烧结为广场铺地
封入滨江步道内部
表层污染土壤
深层土壤
需去除重污染土层
地下水层
植被修复
人工处理手段
>>行走的脉络
原有场地道路宽：7m
根据设计需求将道路改造加宽 1.5m
结合“标尺形态”初步呈现年代表
根据设计需要，将“标尺”部分抬高 0.2m 形成快、慢性交通步道功能分割。
将“15 重钢大事件”附着于设计步道之上，每一个刻度之间的距离为两个事件的时间差。
焦化厂建筑部分：提供艺术家工作室、焦化体验空间、滑轨体验路线。
烟囱观光平台：链接地面与高空的游览路线形式。
火车停靠、自行车出发站
铁路交通线：与入口位置的停靠站结合在一起，形成铁路交通枢纽，成为连接场地两个入口和中心景观区快速交通。
焦化厂前置景观园路
年代表快速步道：这部分的设计是为了在满足年代表给人们的情感冲击外的快速游览方式。可以快速通过的步行、自行车道。
木质慢行步道：年代表主要组成部分。为游客提供慢行游览交通。
年代表——通过对重钢大事件的筛选最后选出 15 个最具代表性的大事件，利用时间轴的变化延伸形成一个时间轴线。从而成为人们进入场地入口的“引言”，带领人们进入重钢，游览重钢。也是交通引导形式之一。
station
年代表快速步道
年代表延伸部分
烟囱观光平台
焦化厂建筑部分
铁路交通线
焦化厂前置景观园路
年代表
火车停靠站

参与性趣味植入型交通景观代表区域——大构架快速步行高架步道系统。此区域是趣味性交通植入的代表区域，其解决的问题是：

1. 解决场地第一梯级和第三梯级之间的高差（6m）问题。场地 6m 高差给场地的通达性带来极大不便，过多阶梯设施的介入使整个场地交通的流线型和体验性受到破坏。

2. 解决依然运行的成渝高速铁路和场地的空间分割问题。由于成渝高速依然在运行，使之第二、三级阶梯的连通性受到极大的阻挡，为了避免这一问题则利用高差条件转劣势为优势设置高架桥链接场地。

3. 解决第二梯级——生态恢复区的交通流线分流问题。

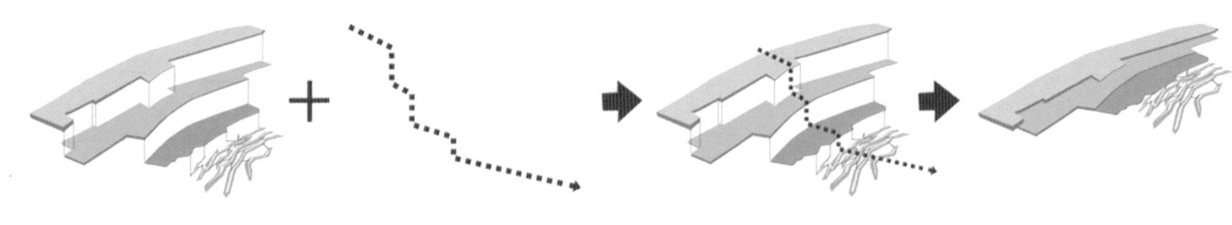

整个场地地形分为三级，从焦化向滨江延伸逐渐呈递减趋势并有6m的地形高差。

焦化往滨江方向需要一条快速步道链接，从而解决这两块场地交通的通达性和场地高差。

快速步道在场地梯级情况下的方向趋势。

场地梯级合并透视分析图。

为了解决这一交通问题，大构架快速高架桥步道便应运而生。

根据场地原有建筑提取出共有的形态特征——折线。

原有场地共同元素提取。

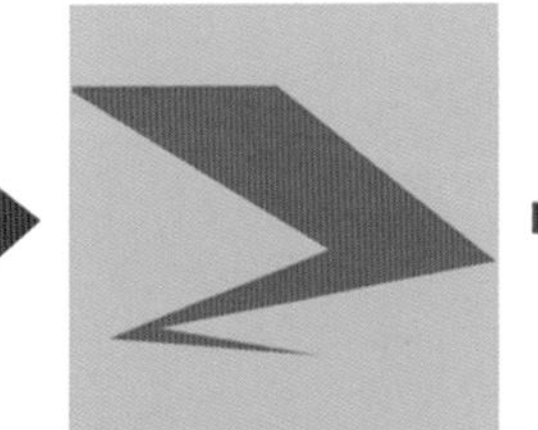

折线元素提出并演变形态，根据场地需求形态细化。

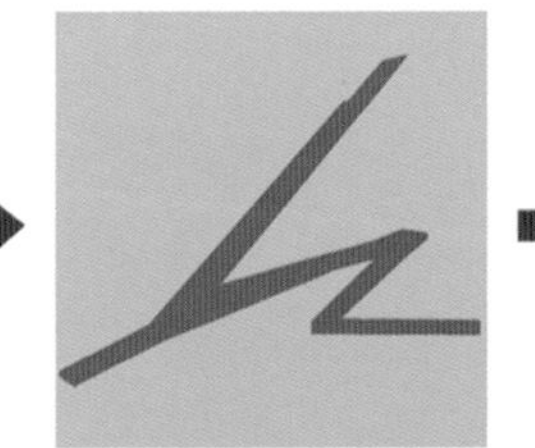

折线元素形态更进一步细化，根据周围景观需求和变化进行形态的演变。

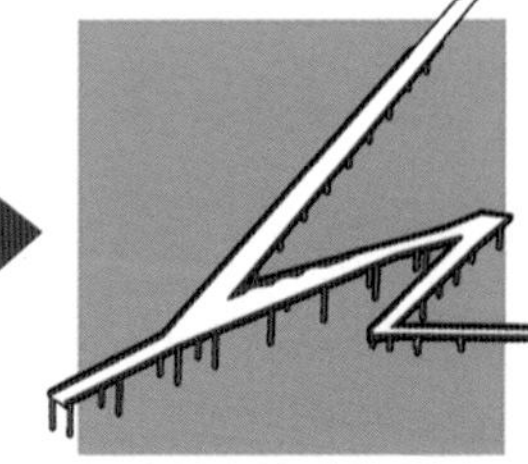

大构架快速高架步道系统成型。

>>凝固的记忆

记忆大厅位于展馆的核心展示区，原厂地高炉保留位置，在大厅的中央由铁矿石铺地，竖立着一个锈蚀斑斑的高炉，通过再利用的手法，不仅将曾经废旧的高炉作为了一个通往展厅的垂直通道，更是一个巨大的艺术展示品。

焦化厂基本概况

厂区污染作为严重的区域，厂房构造成长条形阵列排布设，长达 420m。

设计策略

污染内部消化，污染表土堆积成小丘状排布于焦化厂一侧，通过增加山丘坡度来加速收集速度，减少雨水下渗入深层地下。焦化厂屋顶改造为屋顶花园，设置水景，用于屋顶雨水收集。

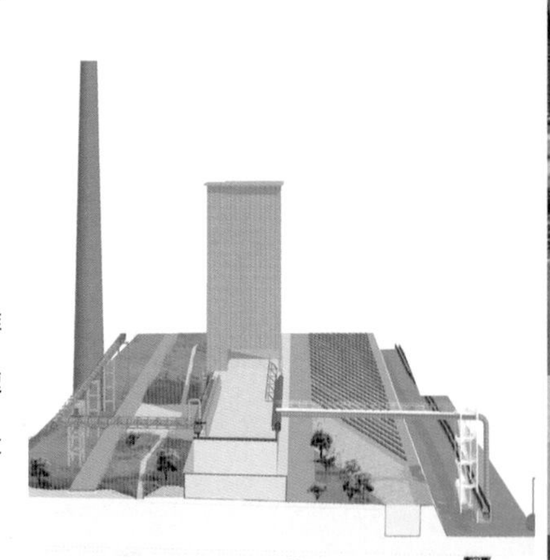

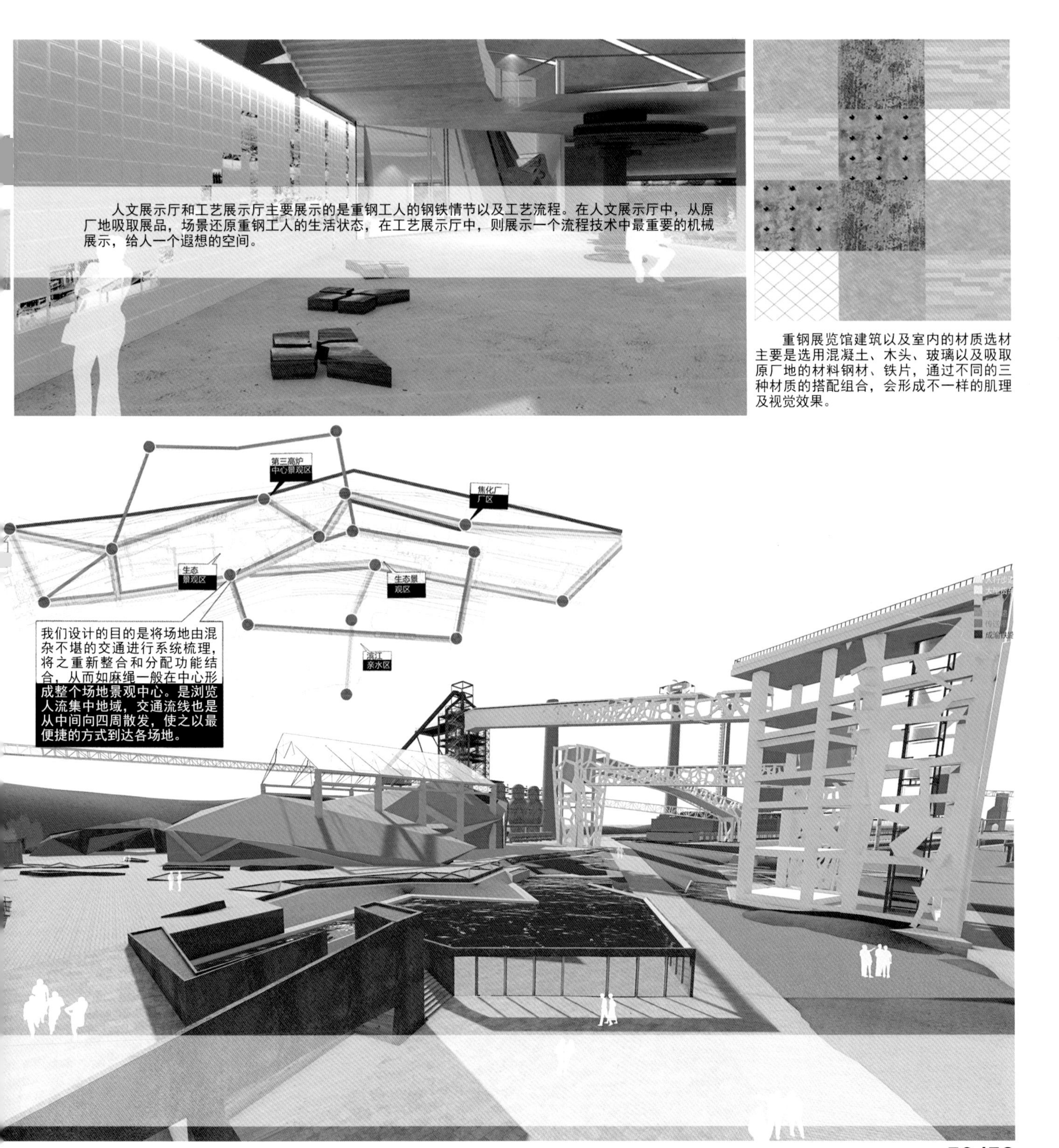

人文展示厅和工艺展示厅主要展示的是重钢工人的钢铁情节以及工艺流程。在人文展示厅中，从原厂地吸取展品，场景还原重钢工人的生活状态，在工艺展示厅中，则展示一个流程技术中最重要的机械展示，给人一个遐想的空间。

重钢展览馆建筑以及室内的材质选材主要是选用混凝土、木头、玻璃以及吸取原厂地的材料钢材、铁片，通过不同的三种材质的搭配组合，会形成不一样的肌理及视觉效果。

我们设计的目的是将场地由混杂不堪的交通进行系统梳理，将之重新整合和分配功能结合，从而如麻绳一般在中心形成整个场地景观中心。是浏览人流集中地域，交通流线也是从中间向四周散发，使之以最便捷的方式到达各场地。

涅槃·重钢工业遗产改造设计

第四届四校联合毕业设计营

音乐厅与商业中心设计

指导教师：莫弘之

作　　者：吴　桑　吕思训

学　　校：上海大学美术学院建筑系

提名理由

深入探讨了工业遗产的尺度、元素，注重内部空间利用和功能置换，设计方案有创新。尤其是从生态技术的角度为工业遗产保护提供了有力的支持，作为美术院校的建筑专业能选择这样的技术角度，非常难得。

基地分析

基地位置

重钢全称重庆钢铁公司，位于重庆市大渡口区长江西岸，厂区占地5.47平方千米，背山面水。2010年工厂停产搬迁，在有百年建厂历史的重钢厂区留下了大量宝贵的工业遗存。

重钢是近代亚洲最早、最大的钢铁煤联合企业是抗战时期大后方最大的钢铁联合企业，也是新中国钢铁工业基地。

区域示意

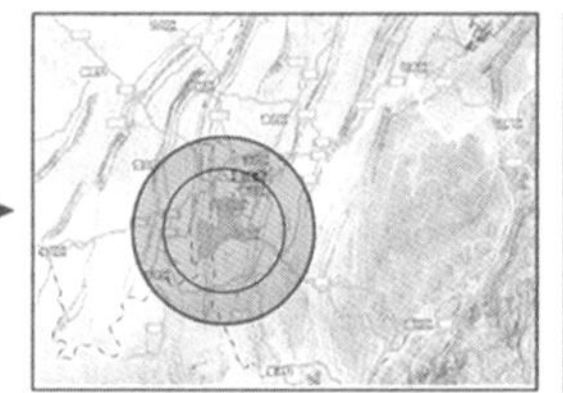

大渡口区地处重庆市主城区西南部，濒临长江，东临巴南，南接江津，西北面与九龙坡接壤。

区位关系

大渡口区是重庆市主城都市发达经济圈的重要组成部分，位于主城区的西南部，地势平坦，面积103平方公里，人口24万，辖五街三镇。

功能分布

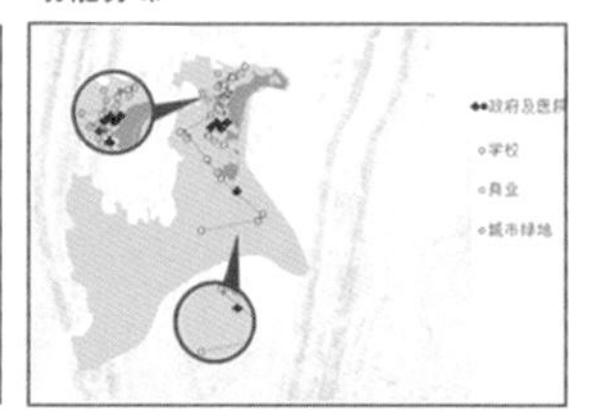

大渡口周围主要分布有政府及医院、学校、商业、城市绿地。这对我们对建筑功能的定义具有重大意义。

交通概况

交通方面，基地现存原建铁路不仅能够承担城市的交通功能，在未来的改造中也能为重钢片区增添一道亮丽的风景线。

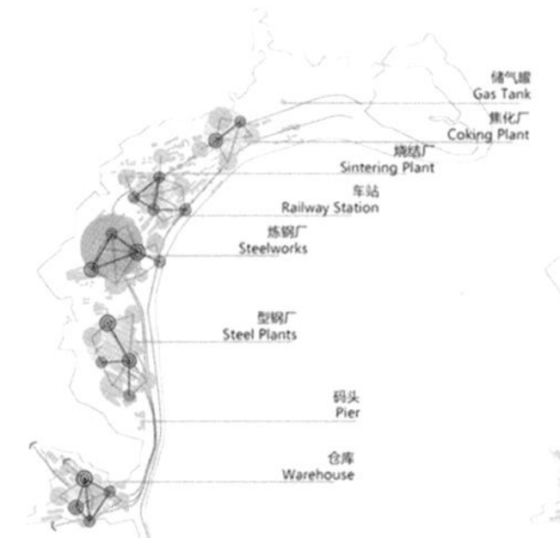

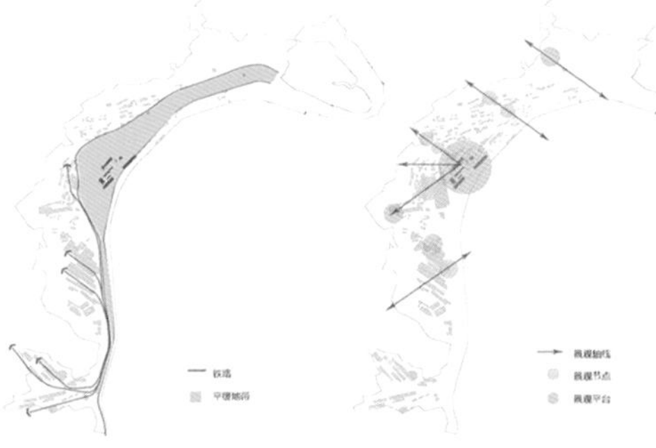

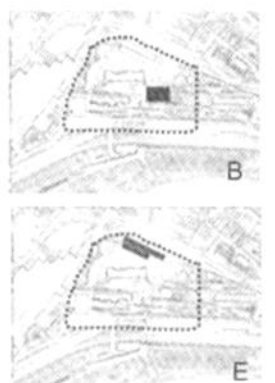

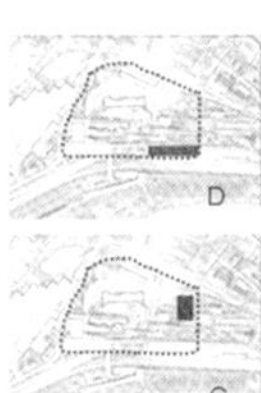

观点理念

作为由旧厂房改造的音乐厅，建筑形象、空间感受应有故事可讲，历史是老厂房的魂，新的音乐厅才有持久的活力。

1. 通过再利用进行保护，历史建筑物的再利用结合所在用地的性质重新调整使用功能，在保留外观的前提下，内部重新布局设计。
2. 发挥规划统筹的作用，工业遗产保护涉及城市功能提升、产业结构调整、新区开发建设等一系列问题，因此整体规划工业遗产所在区域，发挥城市规划调控空间资源的优势。
3. 借用参数化设计手段，探讨多种设计可能性。
4. 研究成果考虑未来一定时期内的变化发展情况，使得利用寿命得以提高。

Strengths

- 场地内建筑保护完好，利于改造和功能置换
- 场地内有车行交通和轨道交通
- 场地滨江景观带丰富多样，绿化保留完整
- 大渡口区具备休闲旅游文化资源

Weakness

- 城市发展过程中遗留了很多城市问题
- 地块南侧被河流占据，人流引入较少
- 周边建筑都在改造开发中，商业氛围不够浓重

Oppurtunities

- 大渡口自身发展潜力
- 能够巧妙地利用原有的工业元素，最大程度减少对于工业遗产的破坏
- 能够真正反映当代文化和具有时代意义的现代都市

Threats

- 整个厂区由于独立而封闭，造成未来城市发展的相对不均匀
- 基地周边有成熟的商业区，可能会对地块有一定的影响

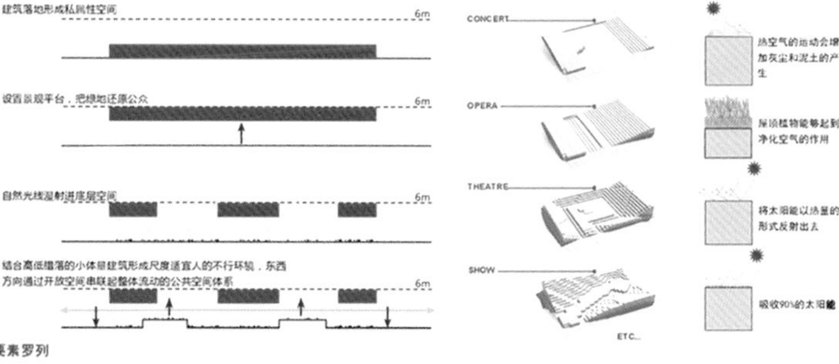

要素罗列

基地四周都有良好的视觉条件

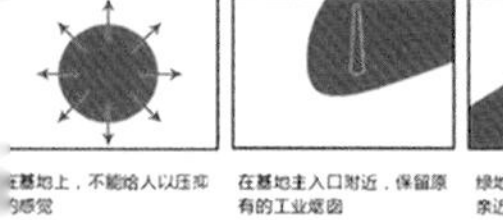

在基地上，不能给人以压抑的感觉

基地内部需要一个至高点和标志

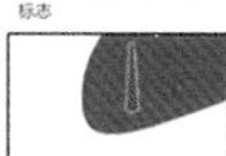

在基地主入口附近，保留原有的工业烟囱

生态角度需要绿地或滨水湿地

绿地和景观贯穿基地，让人亲近自然

商业步行街贯穿基地

商业步行街将一些建筑连为一片

基地内建筑朝向均好化

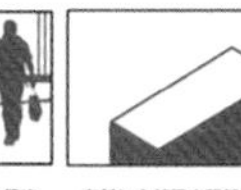

在基地内部不出现朝向很不理想的建筑

谨记生态节能，考虑未来长久的发展

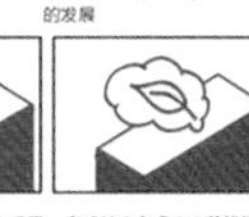

在设计中考虑生态节能问题，利用新技术

草图过程

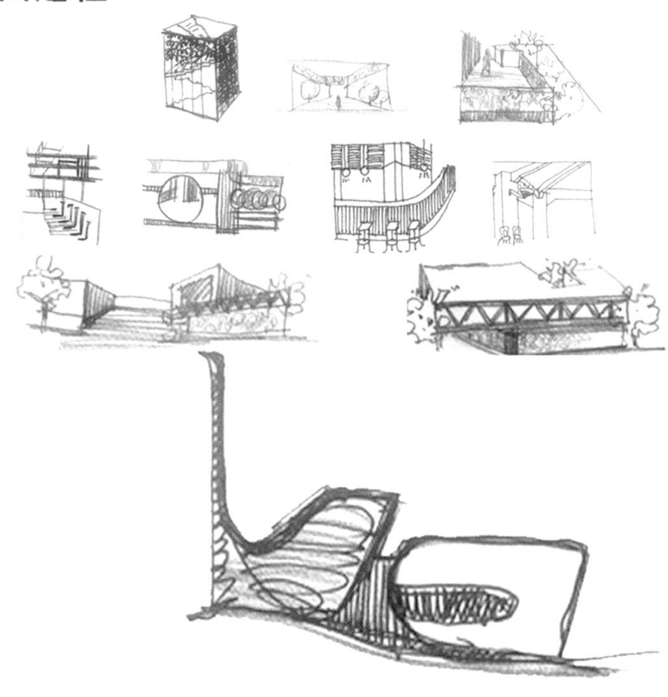

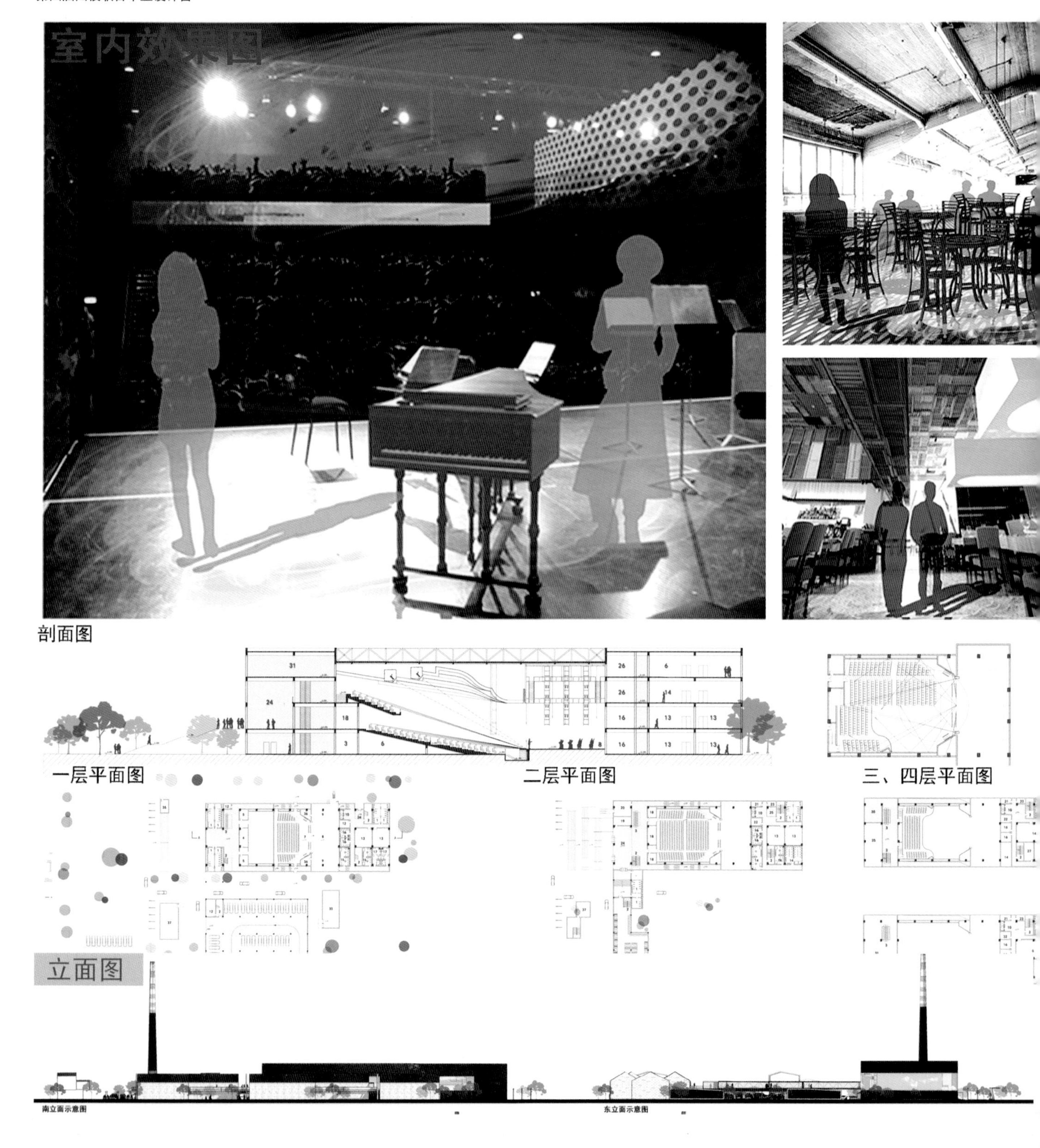
室内效果图
剖面图
一层平面图
二层平面图
三、四层平面图
立面图
南立面示意图
东立面示意图

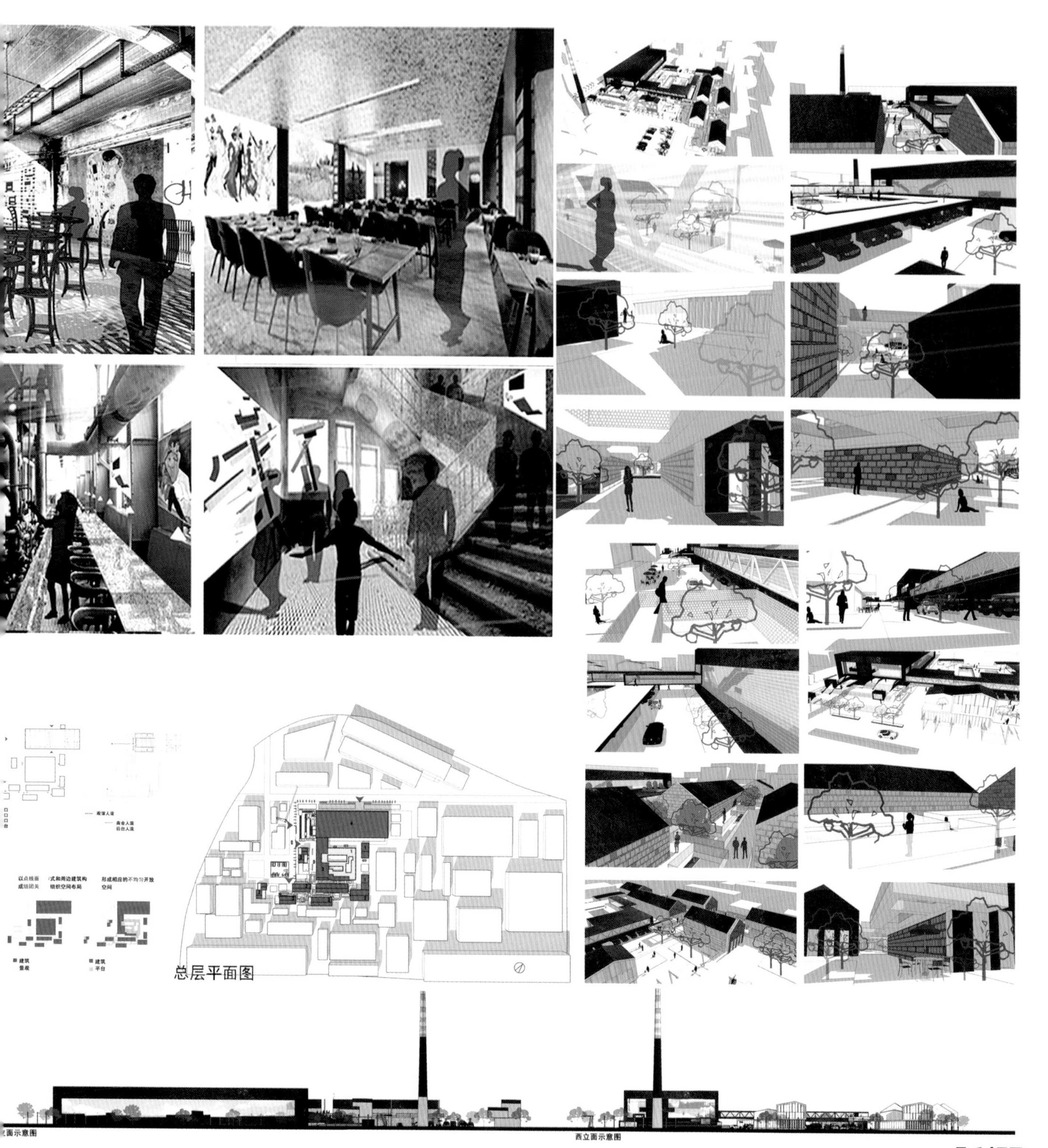
商业人流
后台人流
以点线面
成组团关
式和周边建筑构
组织空间布局
形成相应的不均匀开放
空间
建筑
景观
建筑
平台
总层平面图
西立面示意图

涅槃·重钢工业遗产改造设计

第四届四校联合毕业设计营

即时城市插接建筑

指导教师：魏　秦

作　　者：郑康奕　滕　腾

学　　校：上海大学美术学院建筑系

提名理由

提出了城市单元空间可变的概念，并利用工业遗产的场地特点加以实现。整个方案涉及范围全面，具有很好的深度和完整性。

重庆印象IMPRESSION

重庆地处中国西南，作为中国西部唯一的中央直辖市，全市辖40个区县，辖区面积8万多平方公里，人口3159万。它是长江上游地区的现代化制造业基地，同时它作为中西部地区综合交通枢纽承担引导整个西部经济整体发展的重任。

重庆与西部其他城市相比，其优势在于工业，特别是重工业和军转民用工业，但现代城市发展一般都会经历一个“芝加哥循环”——从以单核城市集中发展为特征的传统城市化，到以中心城市与外围地区互动发展为特征的大都市区化的阶段。几乎所有的城市，都必将经历工业化、去工业化到新型现代城市这一反复过程。

地理位置LOCATION

大时代语境 TIME&CONTEXT

我们现今的城市处于一个从后工业空间向科技阶段过渡的转型期。我们所生活的高度媒体化的空间中，存在有真实的、短暂的、正在消失的界限，这些界限帮助我们定义着真实的世界。我们的认知受到科技文化等各种影响、转变、凝聚，形成一个现实与虚构不停纠缠、混杂不堪的世界。新的世界秩序正在展开，其中的景观超越了时间和空间。人人都能够去建设这个世界。

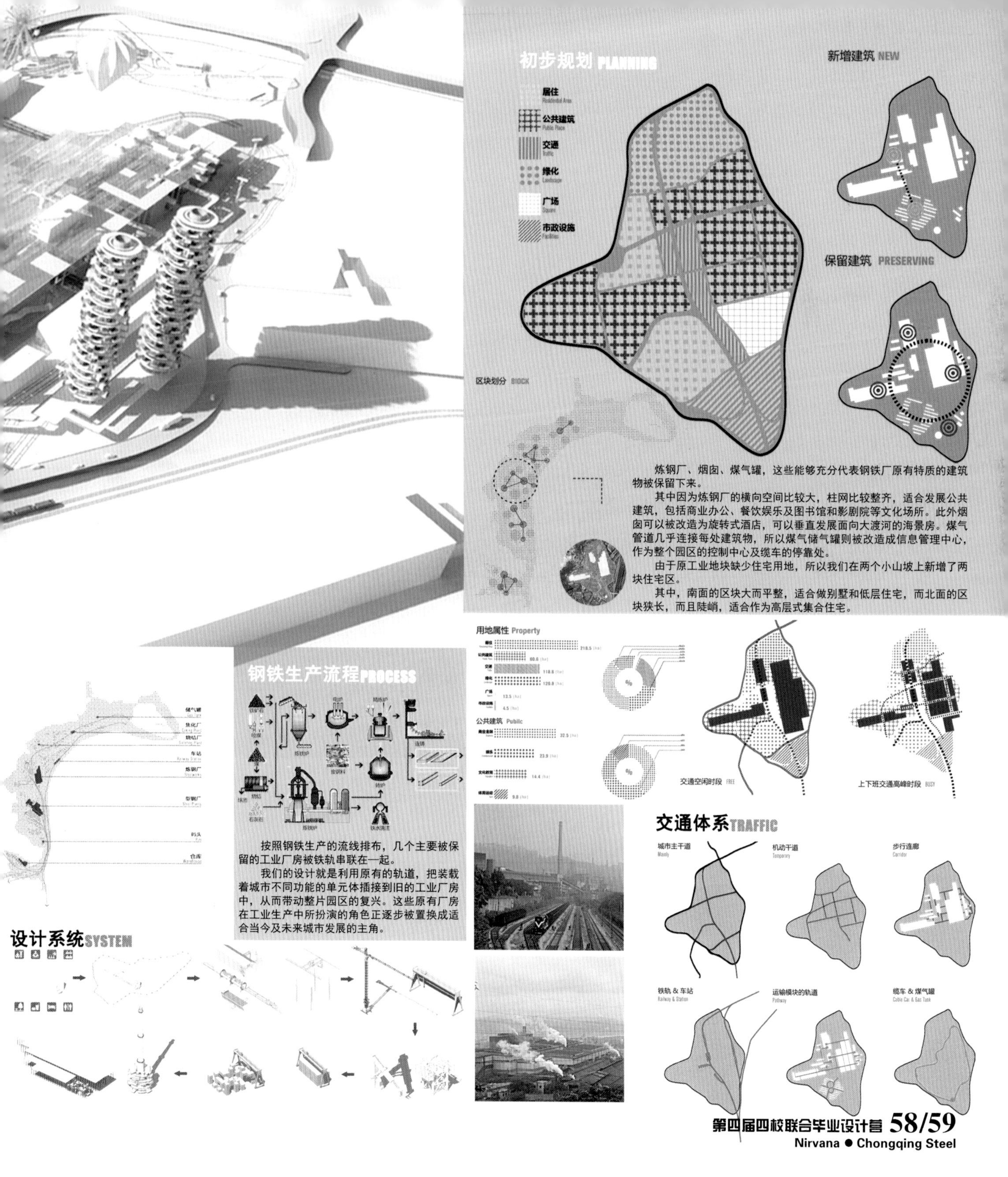

初步规划 PLANNING
居住
公共建筑
交通
绿化
广场
市政设施
新增建筑 NEW
保留建筑 PRESERVING
区块划分 BLOCK
炼钢厂、烟囱、煤气罐，这些能够充分代表钢铁厂原有特质的建筑物被保留下来。
其中因为炼钢厂的横向空间比较大，柱网比较整齐，适合发展公共建筑，包括商业办公、餐饮娱乐及图书馆和影剧院等文化场所。此外烟囱可以被改造为旋转式酒店，可以垂直发展面向大渡河的海景房。煤气管道几乎连接每处建筑物，所以煤气储气罐则被改造成信息管理中心，作为整个园区的控制中心及缆车的停靠处。
由于原工业地块缺少住宅用地，所以我们在两个小山坡上新增了两块住宅区。
其中，南面的区块大而平整，适合做别墅和低层住宅，而北面的区块狭长，而且陡峭，适合作为高层式集合住宅。
用地属性 Property
公共建筑 Public
交通空闲时段 FREE
上下班交通高峰时段 BUSY
钢铁生产流程 PROCESS
按照钢铁生产的流线排布，几个主要被保留的工业厂房被铁轨串联在一起。
我们的设计就是利用原有的轨道，把装载着城市不同功能的单元体插接到旧的工业厂房中，从而带动整片园区的复兴。这些原有厂房在工业生产中所扮演的角色正逐步被置换成适合当今及未来城市发展的主角。
设计系统 SYSTEM
交通体系 TRAFFIC
城市主干道
机动干道
步行连廊
铁轨 & 车站
运输模块的轨道
缆车 & 煤气罐
第四届四校联合毕业设计营 58/59
Nirvana ● Chongqing Steel

涅槃 · 重钢工业遗产改造设计
第四届四校联合毕业设计营
大空间 篇 LARGE SPACE
通过传输轨道，装载有城市单元功能的模块被运输到大空间中。
大空间中被柱网分割成几大不同的功能分区，根据不同的功能模块单元被组合在每个区块中，同时针对不同的时段、气候及大事件等因素划分合并几大功能组团。
即时城市
插接建筑
高层居住区
依靠场地的结构柱网，单元模块可以向上垂直发展，包括景观和活动平台，使得高层在不同人口密度下，成一种生长的趋势。
结构
平台
单元模块
景观
高层居住
平面图 PLAN
体块分割 DIVIDE
大空间流线图
烟囱改造
屋顶 ROOF
屋顶的遮阳板可随着气候、采光等因素开启闭合，建筑在不同时段里呈现出室内与室外的转变。
表皮 SKIN
表皮基于照相机快门原理设计的复式开窗体控制进入室内的日光入射量，通过信息化处理且立面可以呈现出不同的图案效果。
A. 社区活动室 ACTIVE ROOM
B. 室外景观 LANDSCAPE
C. 大型图书馆 LIBRARY
D. 办公 OFFICE
E. 艺术沙龙 SALON
单元功能模块 CELL
每个大空间包含一个完美的城市综合体，以功能属性控制单元模块的比例及密度，城市空间的形态可以变得多样化。
酒店式公寓→
剖面 SECTION
平面 PLAN
平面图 PLAN
10M
20M
50M

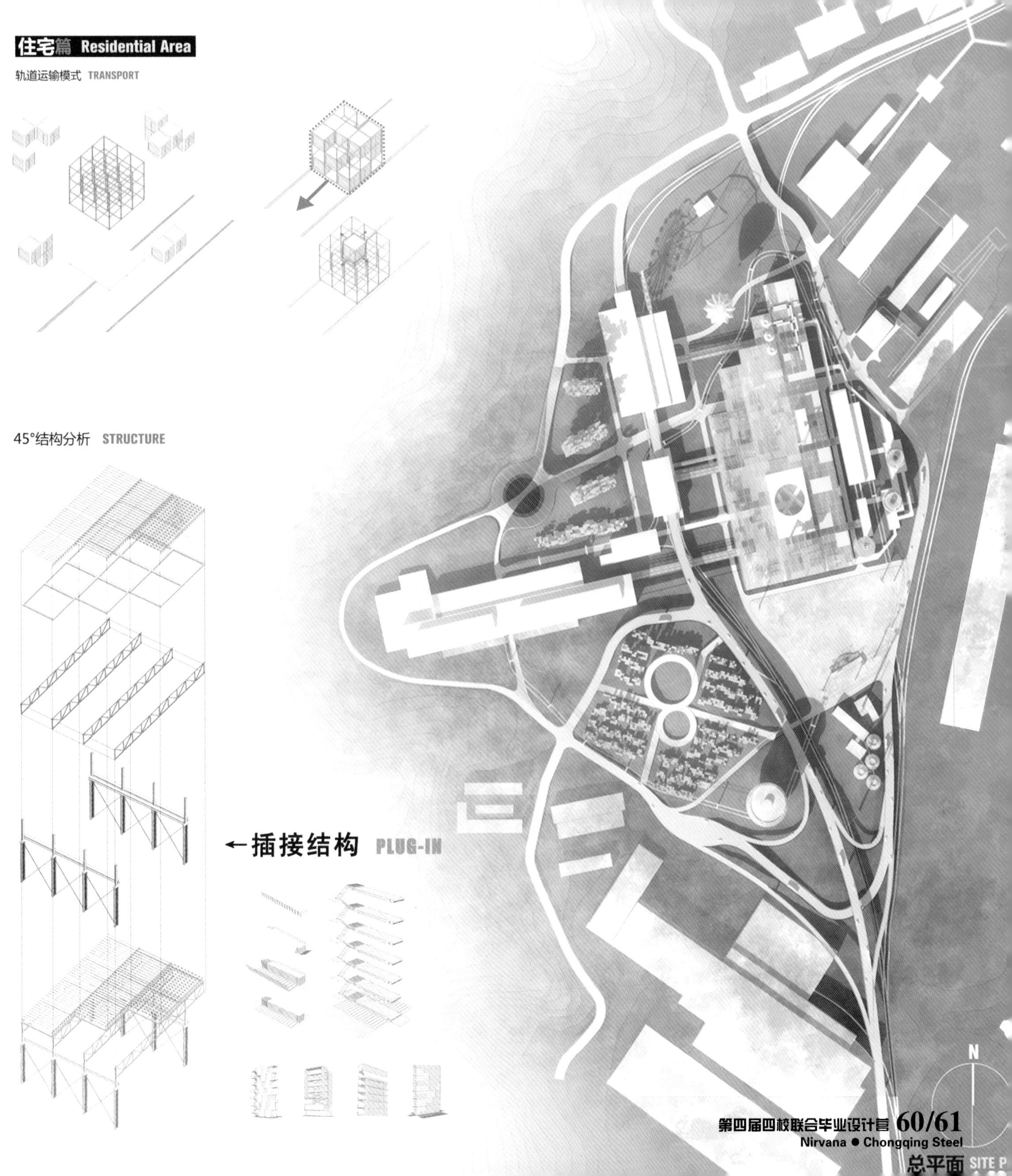
住宅篇 Residential Area
轨道运输模式 TRANSPORT
45°结构分析 STRUCTURE
←插接结构 PLUG-IN
N
总平面 SITE P

重庆钢铁厂改造

——悬空概念公寓式酒店设计

指导教师：傅　祎　韩　涛　韩文强
作　　者：高文毓
学　　校：中央美术学院建筑学院

提名理由

这个室内设计方案注重了私密性与公共性的关系，设计中将原有厂房建筑作为结构体和视觉要素加以利用，以室内设计的角度探讨了如何利用一个长条形客房空间的方法，设计工作中保持了建筑与室内的整体协调。

设计说明

重庆市是早期中国的工业重镇，重钢厂位于重庆市长江畔、大渡口区。随着重庆市城市产业升级换代，旧厂区逐渐衰败，失去既有的活力和生机。搬迁后旧厂区需要审时度势重新定位、更新再生。

在这样的背景下我们开始考虑以“自下而上”的态度看待重钢工业遗址的改造。我们对部分的厂区做了城市设计之后，把厂区不断地“单元化”，把巨大的尺度逐步分解到人的尺度。当完成了城市设计之后，我们希望以“人的尺度”在厂区中植入建筑设计。所以我们选取一个很小的边界内部，去发现结构条件下的潜力。在这样的尺度中建立建筑跟人群的关系，因此，建筑的方式就变成了聚落，这种尝试在未来的工业区改造和发展中拥有普遍复制的意义。我们假设在整个改造未开始前，部分地块由于人为原因提前介入，这些提前介入的建筑的运营方式对于整个地块将具有普遍的复制性，我们将厂区以单元块划分，以其中一个单元作为设计基地。

在设计的开始最先考虑的是改造中对于旧的建筑遗留体系的态度，我认为在这样的空间中应保持对于工业感的延续和对于原有构建的利用。厂房框架是基地最大的特点，也是设计中主要的可应用的结构，将其结构作为我设计的出发点，利用原有的结构构筑一个依赖于场地存在的建筑。利用原有的柱网和梁架造建筑，以“梁”为概念设计一个酒店。建筑以“梁”作为概念，将上下客房“挂”、“搭”在中间的建筑结构上，充分利用了原有的建筑结构。中层为公共活动区域，有接待和咖啡厅的功能。三层的空间丰富多转折，形成如同树枝状的空间，主要的交通线路上又分解出若干细分路径，通向不同的房间。同时每个管状结构的房间上下错落，方向交错，以此达到最好的取景方向。表皮以金属为主，突出建筑的流线感和工业感。

概念生成

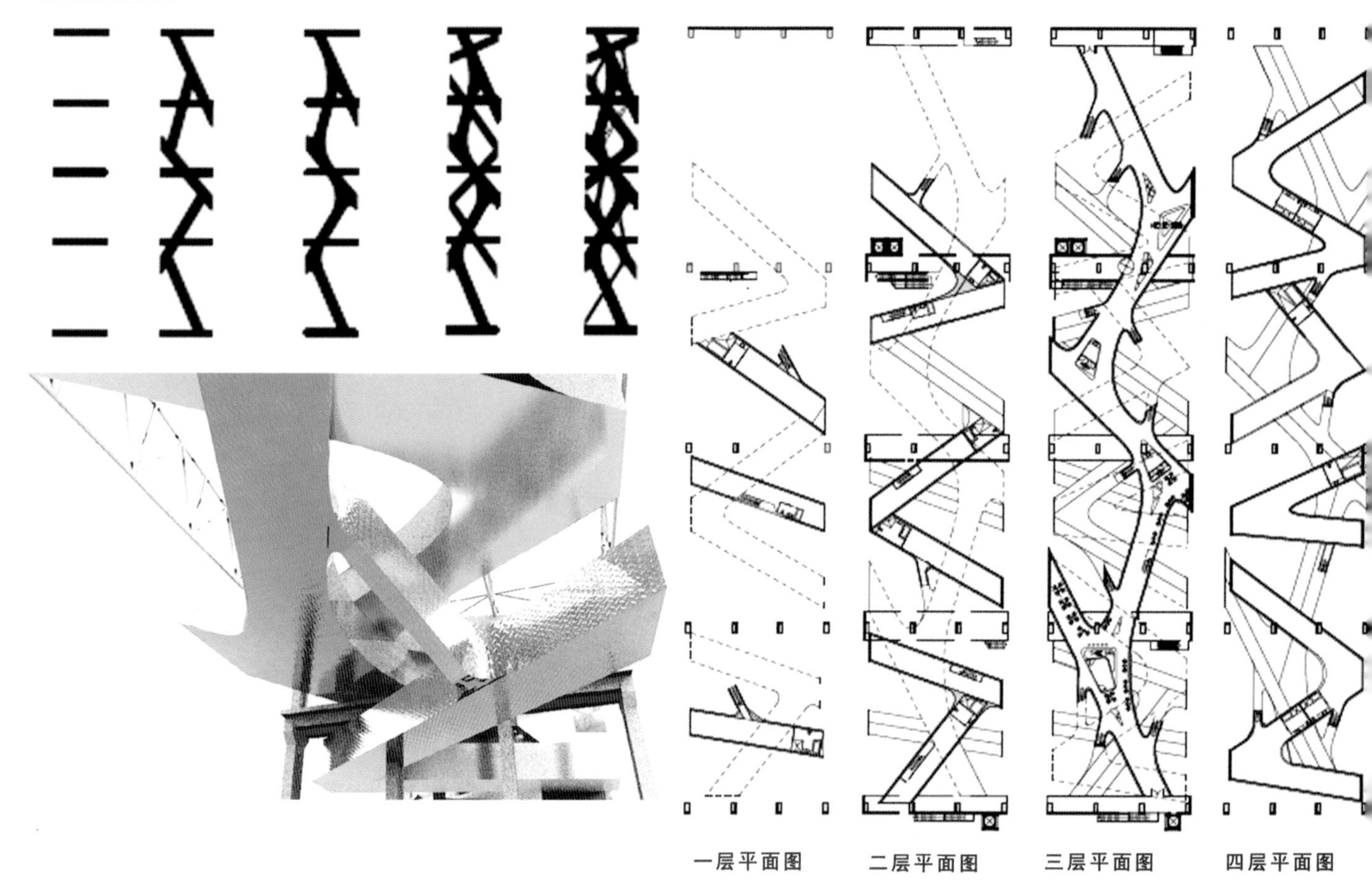

南立面图

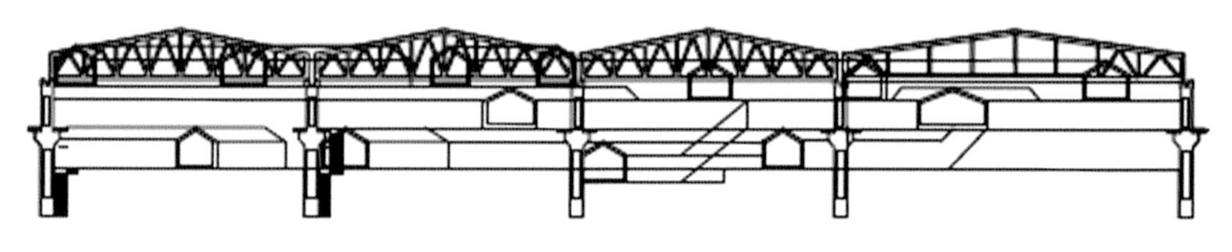

北立面图

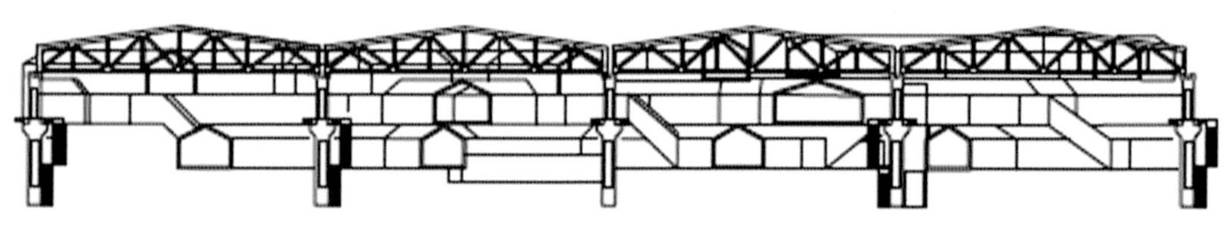

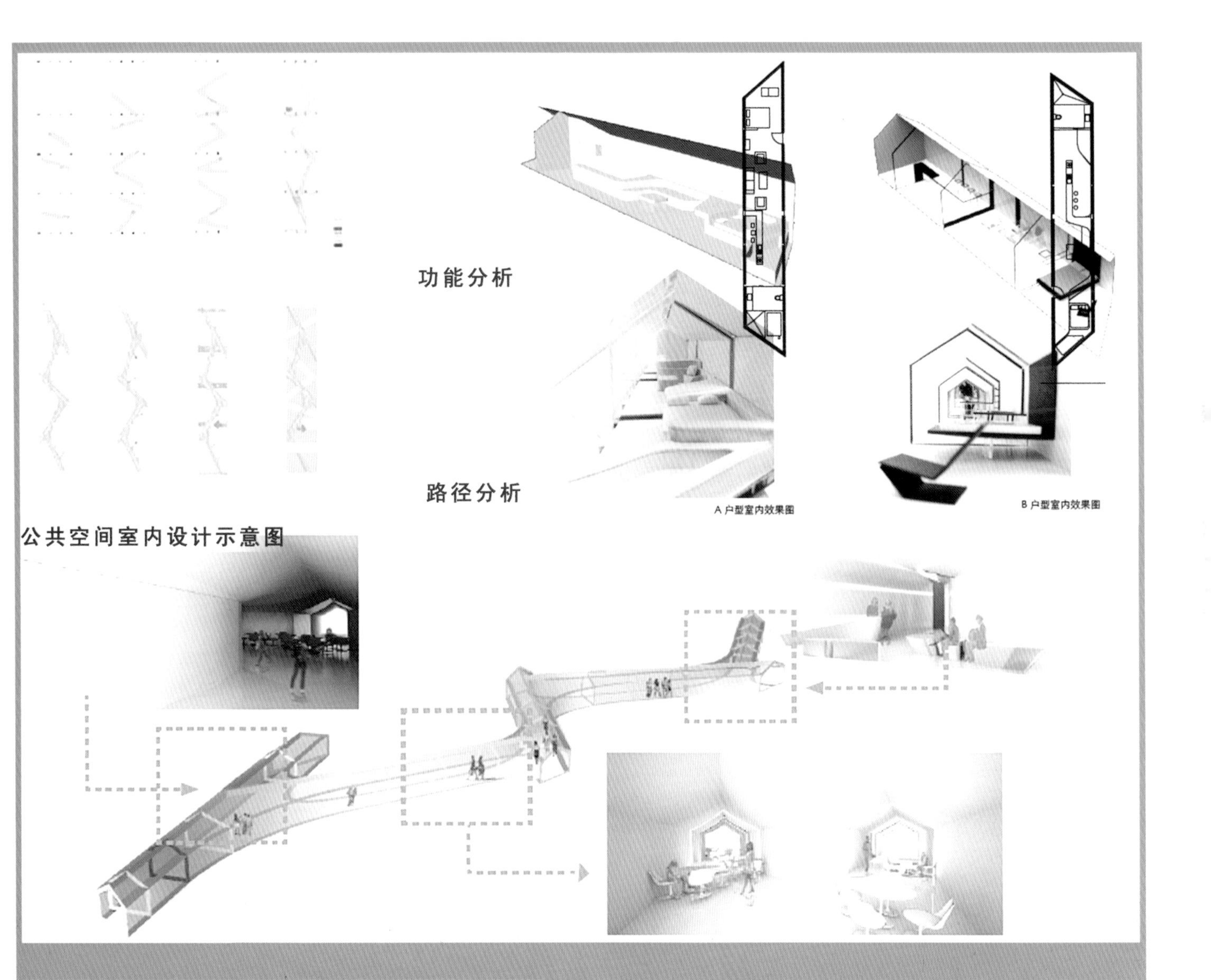

客房室内设计：

整个酒店一共有16间客房，分为ABCD四种户型，由于整个建筑呈流线型，所以客房也呈现出细长的管状的空间，这将给室内带来极端的感受。所以在客房设计时，更加突出了这一空间特点利用连续的流线型家具或利用镜面增加空间的纵深感，将这种空间的极端感受进行强调。同时开窗的方式与公共空间一样，采用线性的开窗方式，利用窗户自然做功能隔断，整个室内通透，无硬质隔断。部分大面积房间利用房间的方向做视线隔断，突出空间的特点。

公共空间室内设计：

建筑整体是穿梭在柱网间的流线型体量，为了不破坏建筑体量的连续感，我在处理立面时开了很细的线性的窗。我认为建筑的室内外应该互相形成联系，所以在处理室内设计的时候我把窗作为重要的设计概念。我希望利用光对室内进行分割，利用不同颜色的窗带来不同的空间颜色，以此起到划分功能区域的作用。同时不同颜色的光也会对人流起到引导作用，使室内公共空间有丰富的变化，室内不做装饰，依靠窗所带来的光线和色彩丰富空间，在空间的转折处可以感受到光色的渐变。

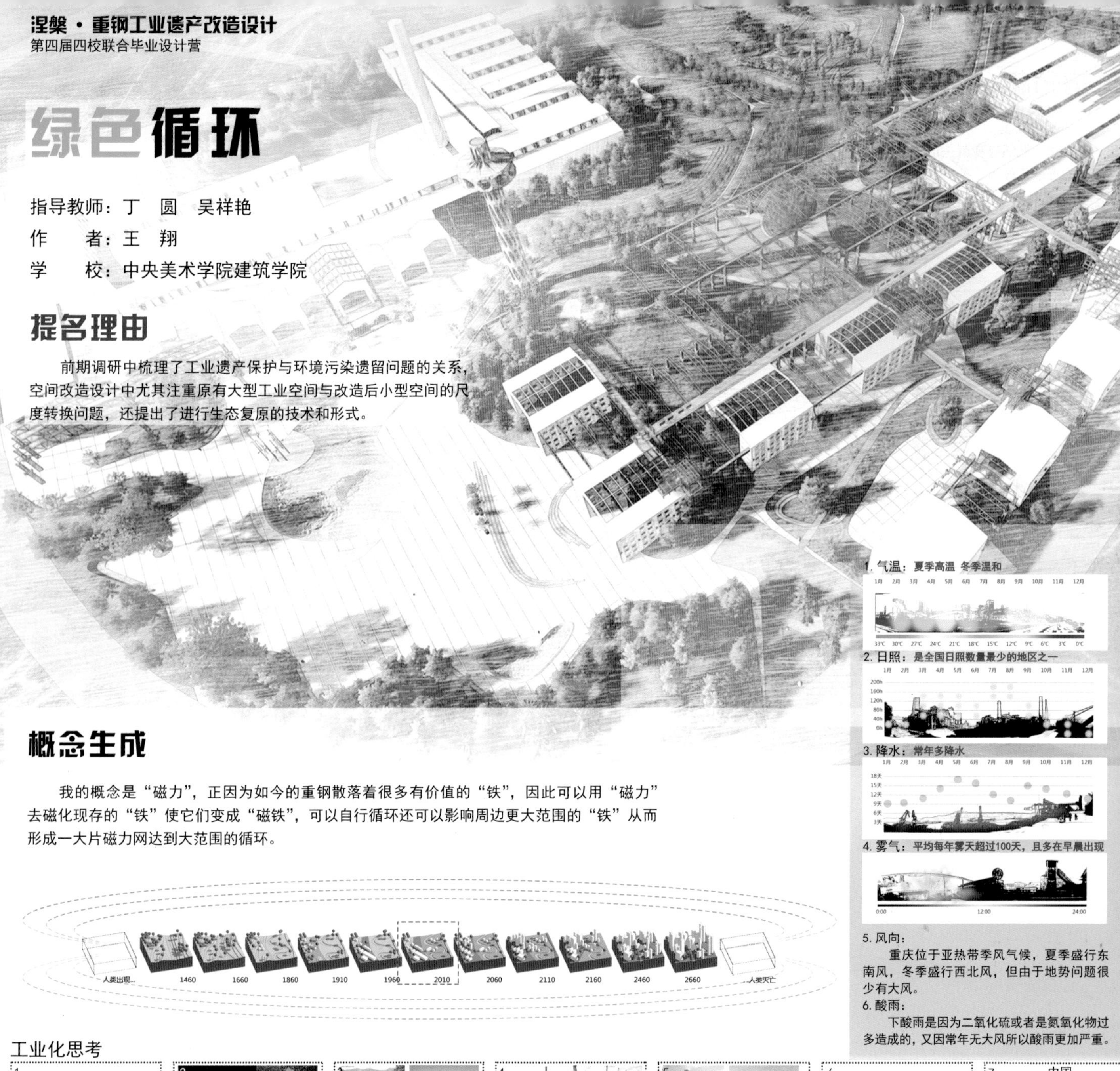

绿色循环

指导教师：丁　圆　吴祥艳
作　　者：王　翔
学　　校：中央美术学院建筑学院

提名理由

前期调研中梳理了工业遗产保护与环境污染遗留问题的关系，空间改造设计中尤其注重原有大型工业空间与改造后小型空间的尺度转换问题，还提出了进行生态复原的技术和形式。

概念生成

我的概念是“磁力”，正因为如今的重钢散落着很多有价值的“铁”，因此可以用“磁力”去磁化现存的“铁”使它们变成“磁铁”，可以自行循环还可以影响周边更大范围的“铁”从而形成一大片磁力网达到大范围的循环。

人类出现…　1460　1660　1860　1910　1960　2010　2060　2110　2160　2460　2660　人类灭亡

1. 气温：夏季高温 冬季温和

2. 日照：是全国日照数量最少的地区之一

3. 降水：常年多降水

4. 雾气：平均每年雾天超过100天，且多在早晨出现

5. 风向：

重庆位于亚热带季风气候，夏季盛行东南风，冬季盛行西北风，但由于地势问题很少有大风。

6. 酸雨：

下酸雨是因为二氧化硫或者是氮氧化物过多造成的，又因常年无大风所以酸雨更加严重。

工业化思考

1.

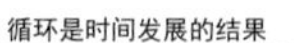

循环是时间发展的结果

2.

地球磁极，生命万物循环不息

3.

乡村—城市化—城市景观化

4.

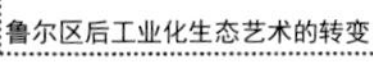

鲁尔区后工业化生态艺术的转变

5.

工业化改变人类生活

6.

工业化的负面结果让人深思

7. 中国

疯狂推进工业化60年

14.

绿色循环

13.

我的态度是：

保留与拆除，保护文化，恢复自然，留出发展空间

12.

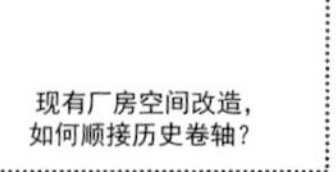

现有厂房空间改造，如何顺接历史卷轴？

11.

10. 重庆

重庆钢铁厂，南方最大的钢铁厂

9.

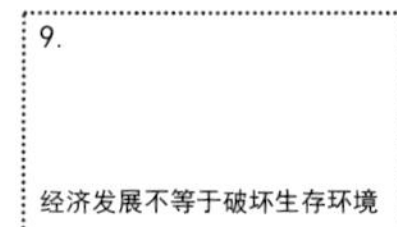

经济发展不等于破坏生存环境

8.

疯狂污染

基地分析

每段历史都是具有价值的，无论是农业化、工业化还是城市化，既然存在就是历史的选择，所以我们需要一种方法去提取每段历史的价值从而发展与保护下去。

基地现状分析与初步规划

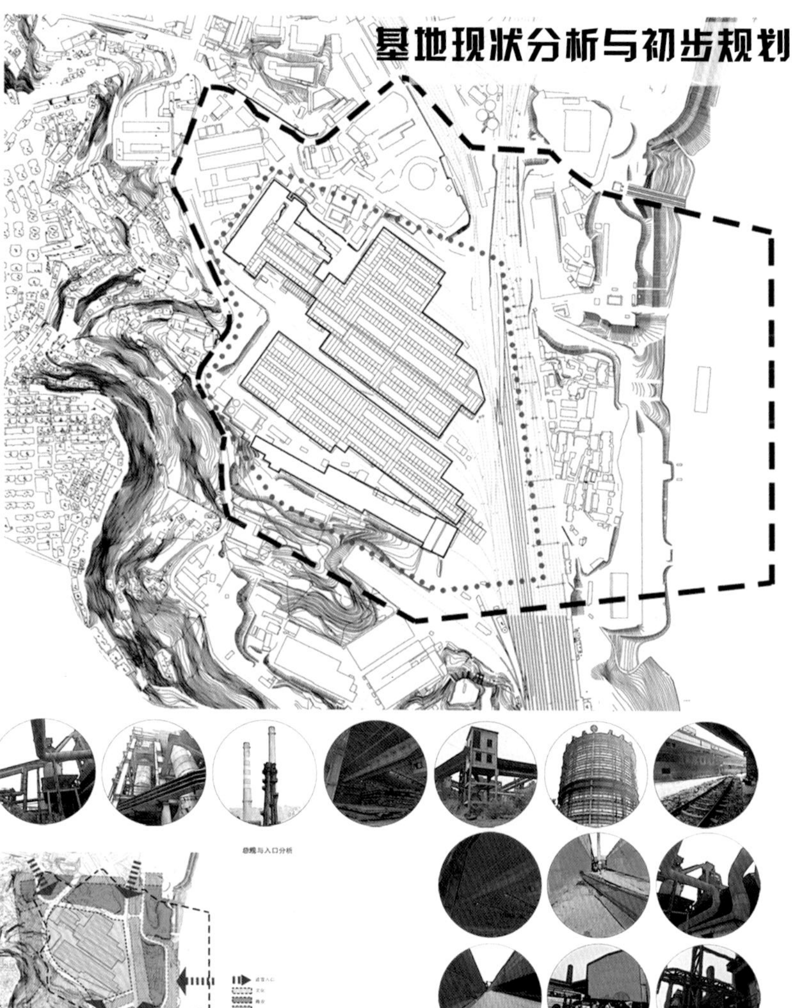

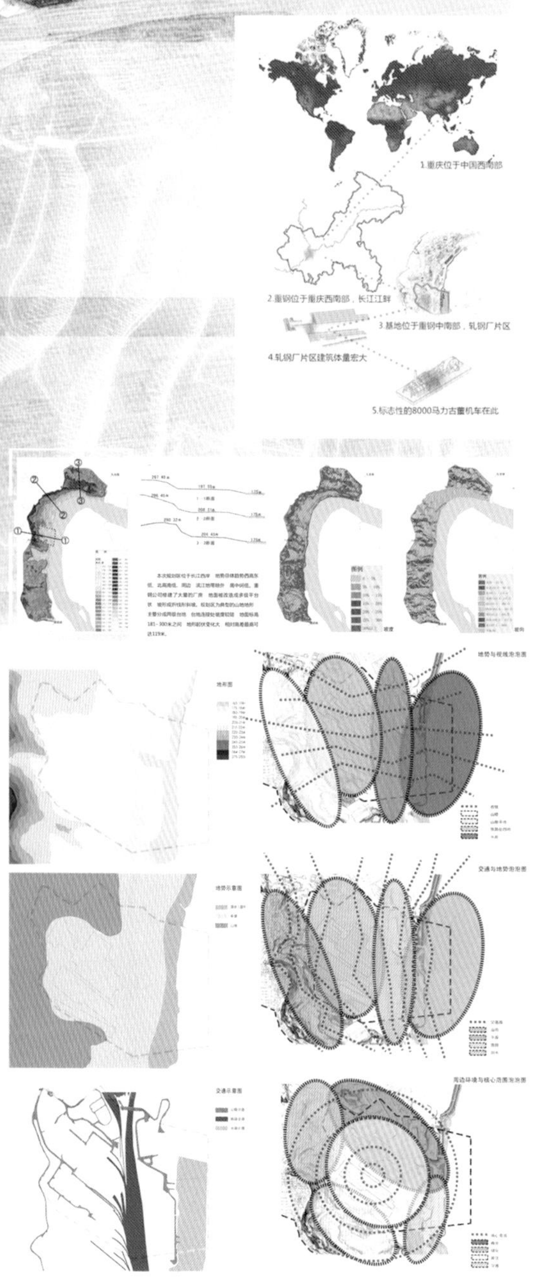

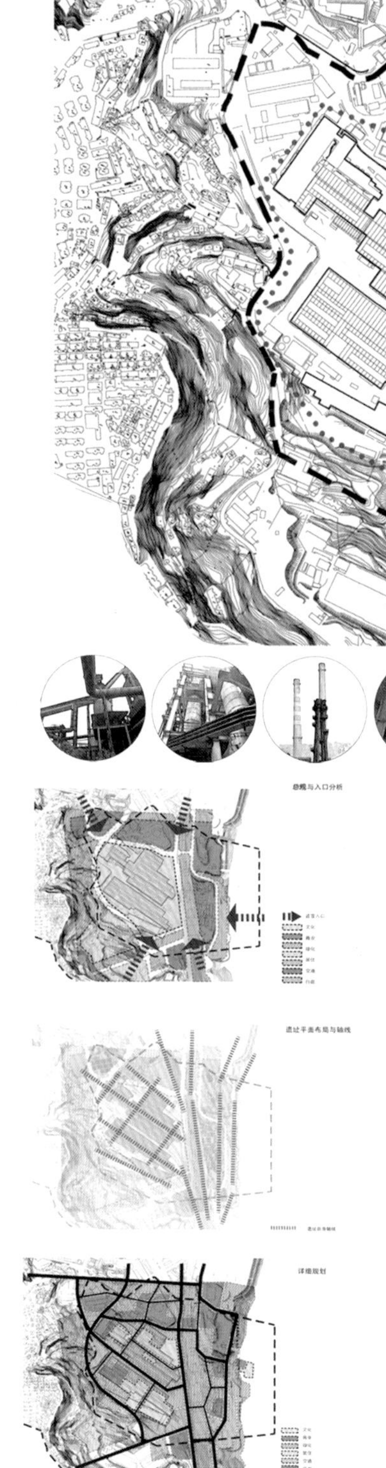

重钢区域空间分析

1. 由各种金属的工业设备在钢铁工业流程需要的基础上构成的复杂、无序的空间。空间尺度与人的关系非常特别，是重钢基地空间的基本特点。
2. 生产类建筑属于长条形空间，空间开阔、简约，具有一定的建筑空间性。
3. 建筑内部空间尺度巨大，尺度与人的关系非常特殊。
4. 工业管道构成了错综复杂的空间形态。
5. 重钢的空间尺度：满足钢铁工业流程需求为逻辑基础而构造的空间，尺度巨大。
6. 空间构成元素：工业用管道、传送带、火车轨道、烟囱、巨型储气罐等。

总平面图

通过设计使用场地

交通空间梳理：

1. 画出一条主路（红色）。
2. 并且使它成环路，并增加横向联系（橙色）。
3. 把周边空间通过道路分成“岛”（黄色）。

界面梳理调整：

1. 对整个基地外围进行统一的界面调整，使建筑立面与景观元素统一协调，增强区域感（红线）。
2. 对基地内部进行界面梳理，确定主体建筑界面（橙色）和景观界面（绿色）。

节点分布梳理：

1. 在主路的起始位置、中部位置、结束位置设置三个主要节点（大圆）。
2. 在环路中适当位置设置节点（中圆）产生节奏感。

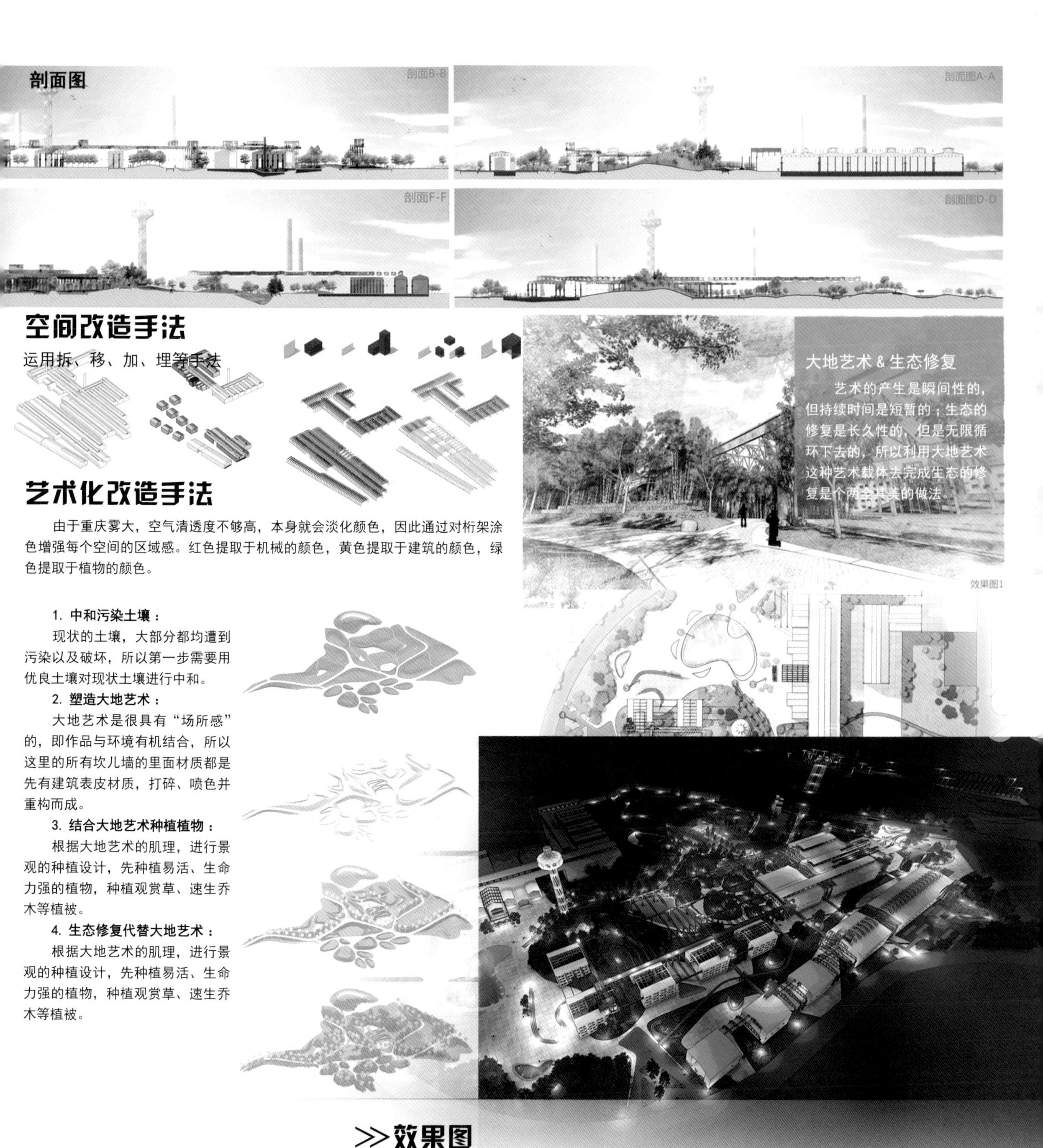

剖面图
剖面B-B
剖面图A-A
剖面F-F
剖面图D-D
空间改造手法
运用拆、移、加、埋等手法
艺术化改造手法
由于重庆雾大，空气清透度不够高，本身就会淡化颜色，因此通过对桁架涂色增强每个空间的区域感。红色提取于机械的颜色，黄色提取于建筑的颜色，绿色提取于植物的颜色。
1. 中和污染土壤：
现状的土壤，大部分都均遭到污染以及破坏，所以第一步需要用优良土壤对现状土壤进行中和。
2. 塑造大地艺术：
大地艺术是很具有“场所感”的，即作品与环境有机结合，所以这里的所有坎儿墙的里面材质都是先有建筑表皮材质，打碎、喷色并重构而成。
3. 结合大地艺术种植植物：
根据大地艺术的肌理，进行景观的种植设计，先种植易活、生命力强的植物，种植观赏草、速生乔木等植被。
4. 生态修复代替大地艺术：
根据大地艺术的肌理，进行景观的种植设计，先种植易活、生命力强的植物，种植观赏草、速生乔木等植被。
大地艺术 & 生态修复
艺术的产生是瞬间性的，但持续时间是短暂的；生态的修复是长久性的，但是无限循环下去的，所以利用大地艺术这种艺术载体去完成生态的修复是个两全其美的做法。
效果图1
>>效果图

断接KNOT 钢语纽结重钢旧厂房改造设计

指导教师：杨 岩 陈 瀚 朱应新
作 者：游启正 叶美智 余转美 付沙鸥 潘璐斯 乔 杨
学 校：广州美术学院建筑与环境艺术设计学院

提名理由

维持了原有的结构，在其中穿插进新的功能，实现有机结合。室内设计部分注重整体建筑语言的运用，恰当地植入了原有的历史信息。

纽结的“断”与“接” 纽结式连接

communicate with knot

纽结是一种常见的中国式装饰型语，同时也是一种经典的数学话题，本次设计位于重庆旧钢厂，重庆是个地方特色浓郁的城市，尤其是红色文化至今流行的地区，用“纽结”的设计概念，它本身是一个连接传统与现代科学的词语，因此能体现出本次设计想表现的地方特点。

本次设计为新建筑形态后的博物馆A区设计，运用了纽结的空间组合原理来体现设计的空间组合关系与基本交通关系。同时在装饰感观上，也运用纽结与钢铁形态结合的装饰钢架，并将这种经典的钢架形态进行大面积的运用，在装饰上尽量做到简洁，特征明显，同时纽结的线与空间的感受十分明显，充分运用底层博物馆设定的两层建筑面积，来体现垂直空间的丰富性，可以说，这是一个反映纽结式线面断与接关系的设计。

建筑与场地

本次设计位于原重庆钢铁厂片区新规划下的文化博览区。因此在设计时充分考虑了原有空间尺度以及最值得保护的桁架形态与关系，同时与周边的功能区呼应互补。

新建筑形态在原有桁架的基础下，运用轻质材料，现代感与轻盈感极强，同时以“断接”为主题，体现重钢曲折的发展历史。

空间平面立剖示意图

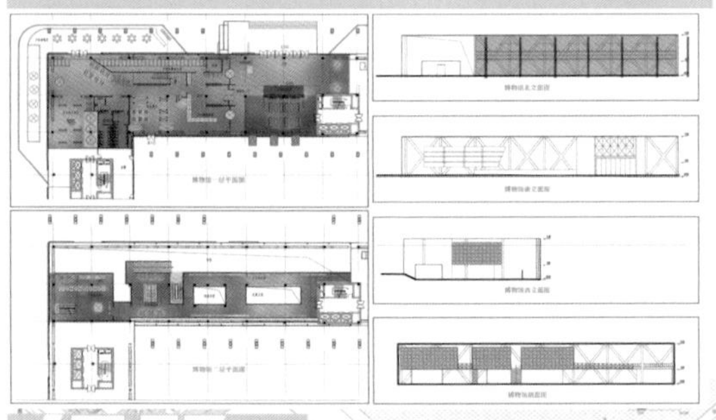

本案所在区域示意图

与周边功能区交通关系域示意图

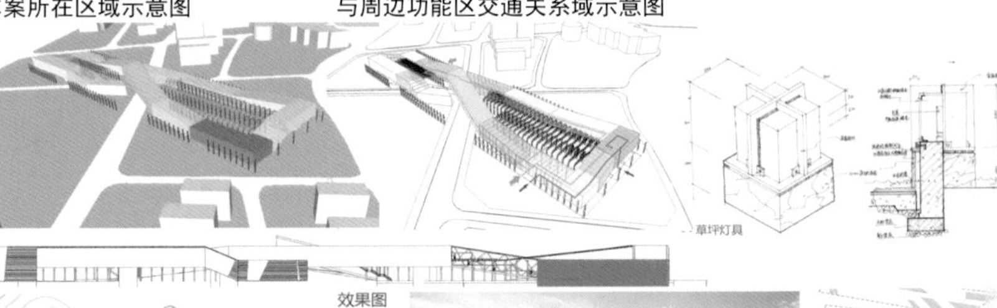

绿脉

——重庆钢铁厂改造项目景观设计

基地分析：绿地系统
形成系统完善、层次丰富的绿地系统，保持城市生态格局与开敞空间，提供市民活动场所。规划范围内规划了崖线公园、滨江公园、五六公园和四个绿廊公园。

概念组成：
历史记忆——剖析原厂所在地块历史文脉、人文风貌
原生再现——保留原有植被群落，重现重钢自然环境
生机延续——采用当地对气体污染抗性较强的环保树种

景观设计特征：
开放互动城市广场，生动鲜明的几何形状，植物带有着匀称结构形态的现代景观。植物的规划从竖向高度反映出来，分成三个层面。

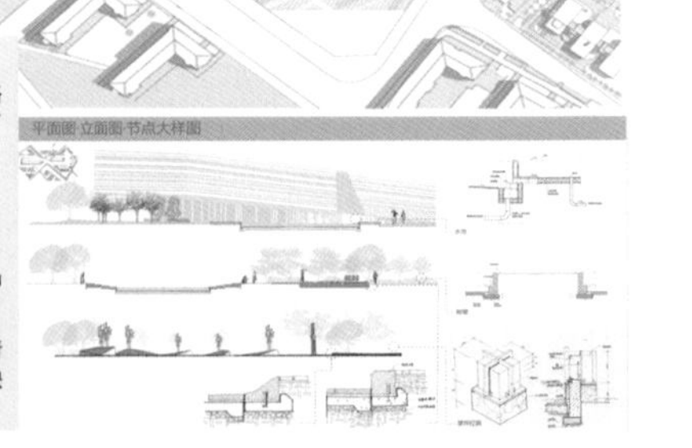

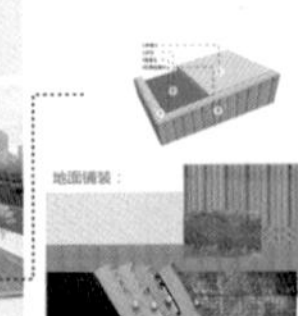

景观小品

结合重钢地块特色与主题概念，
在景观家具的布置、造型上也多采用简洁现代的形体，并与钢混、金属材料结合，使其不失重钢特色。

120° 现代艺术博物馆设计

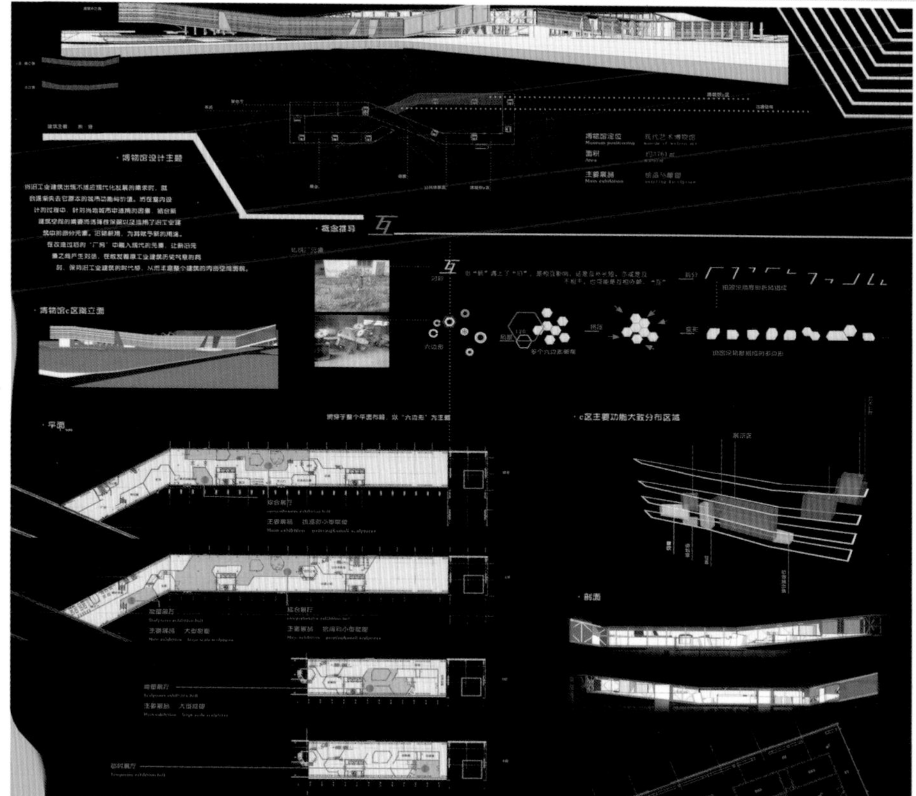
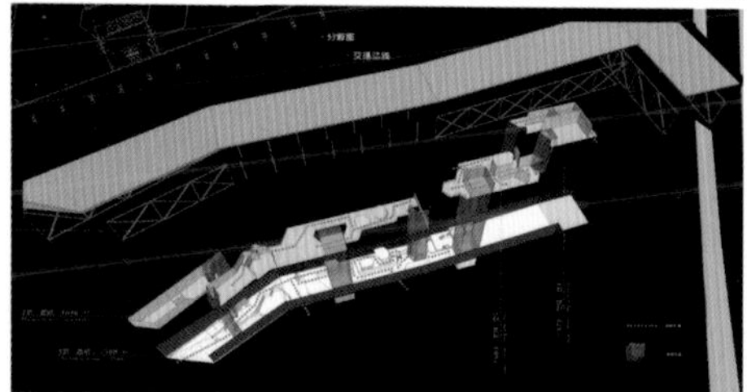

室内效果

材质

重钢新语——旧工业遗产新业态设计

设计说明

工业文化遗产不仅具有很高的历史文化乃至政治价值，同时也具有潜在的使用和再开发价值。本设计思路来源旧钢铁厂以及铸铁的外观，其被废置的钢铁以装饰品的形式在餐厅中得到再利用，其锈痕在这空间中所营造出的气氛让客人感受到重钢的重金属感。

概念推演

本设计将重钢工业文化融入餐厅，其以锈铁为主要元素来分割空间和制造空间氛围，内部分割墙体上使用铁条的锈痕来呈现重钢所特有的人文精神，结合粗糙的水泥墙以复古的形式浓化了此空间中重钢的印象。同时在餐厅内使用一些精致的餐具，素雅的餐布及餐巾，让钢铁在极致时，也温柔。

草图过程

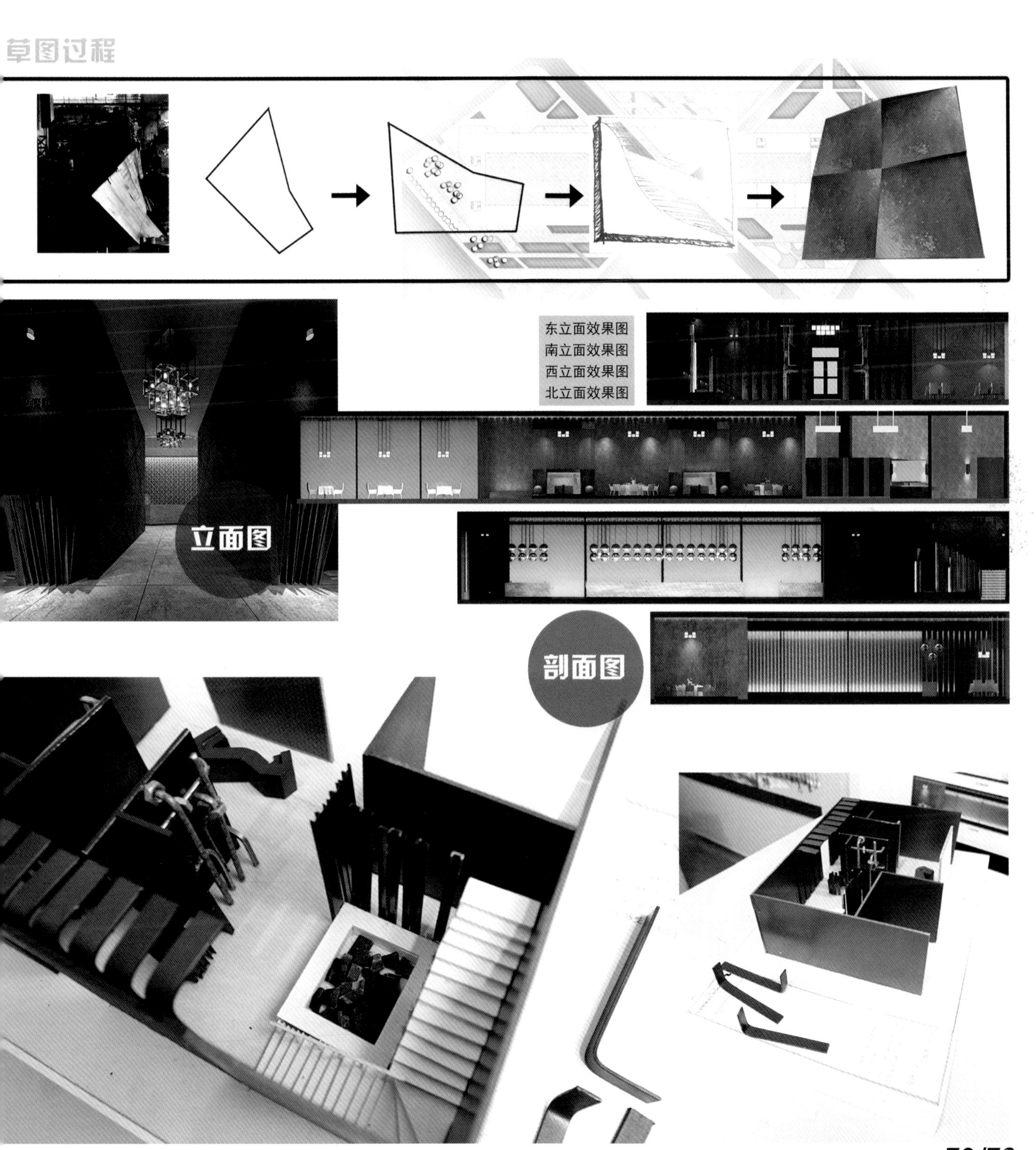

作者：游启正

设计定位 Design orientation

重钢作为中国几个重要钢铁企业之一，有着一百多年的历史背景，沉重曲折，又随着社会的发展不断地改变着，重钢的历史已经不仅仅是中国钢铁工业发展的缩影，更代表着中国近代史的沉重脚步，历经数次的搬迁与停产，以及几任政府的产权更迭，更加明确了重钢重要的历史地位。

今天我们以自己的视角，来了解重钢，感知重钢，并以自己的方式来再次演绎它，或沉重，或浪漫，都是我们对重钢精神的认知与表达。

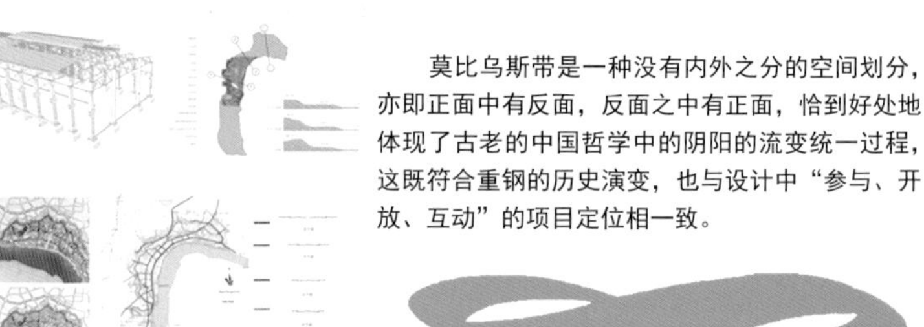

莫比乌斯带是一种没有内外之分的空间划分，亦即正面中有反面，反面之中有正面，恰到好处地体现了古老的中国哲学中的阴阳的流变统一过程，这既符合重钢的历史演变，也与设计中“参与、开放、互动”的项目定位相一致。

形态推敲与生成——莫比乌斯的索引

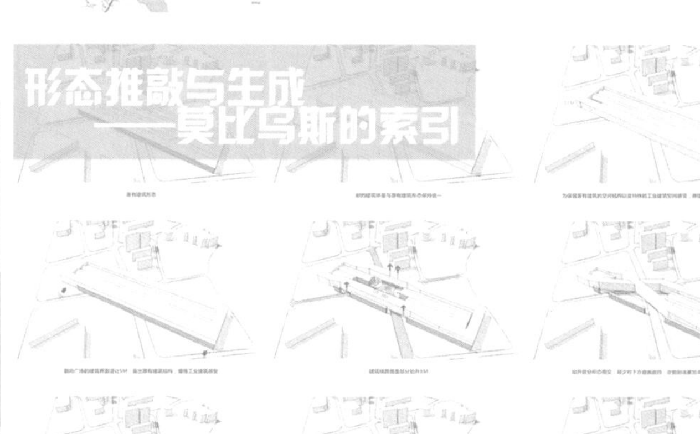

概念推演 Concept

原有建筑中的牛腿柱，是设计中的重点保留对象，柱阵不仅有强烈的建筑形式感与空间纵深感，而且是工业建筑的形象代表。

若想让新的建筑体量与原有建筑保持一致，形体过大必然会破坏基本的柱网关系，所以新的建筑形态，可为带状。

而过于松散的建筑形态会失去工业建筑的体量感，且不利于博物馆的使用功能与交通动线。

用环带状的形式对原有建筑形成包裹，不仅可以保证原有建筑体量，丰富交通动线，且可以形成内部的开放式展厅。莫比乌斯形态的介入也体现了重钢生生不息，循环发展的历史缩影。

钢铁工业建筑的形态应该是强硬的，保留莫比马斯带的精神，而在形态上做适当的调整，也更加符合钢铁工业的精神与力量。

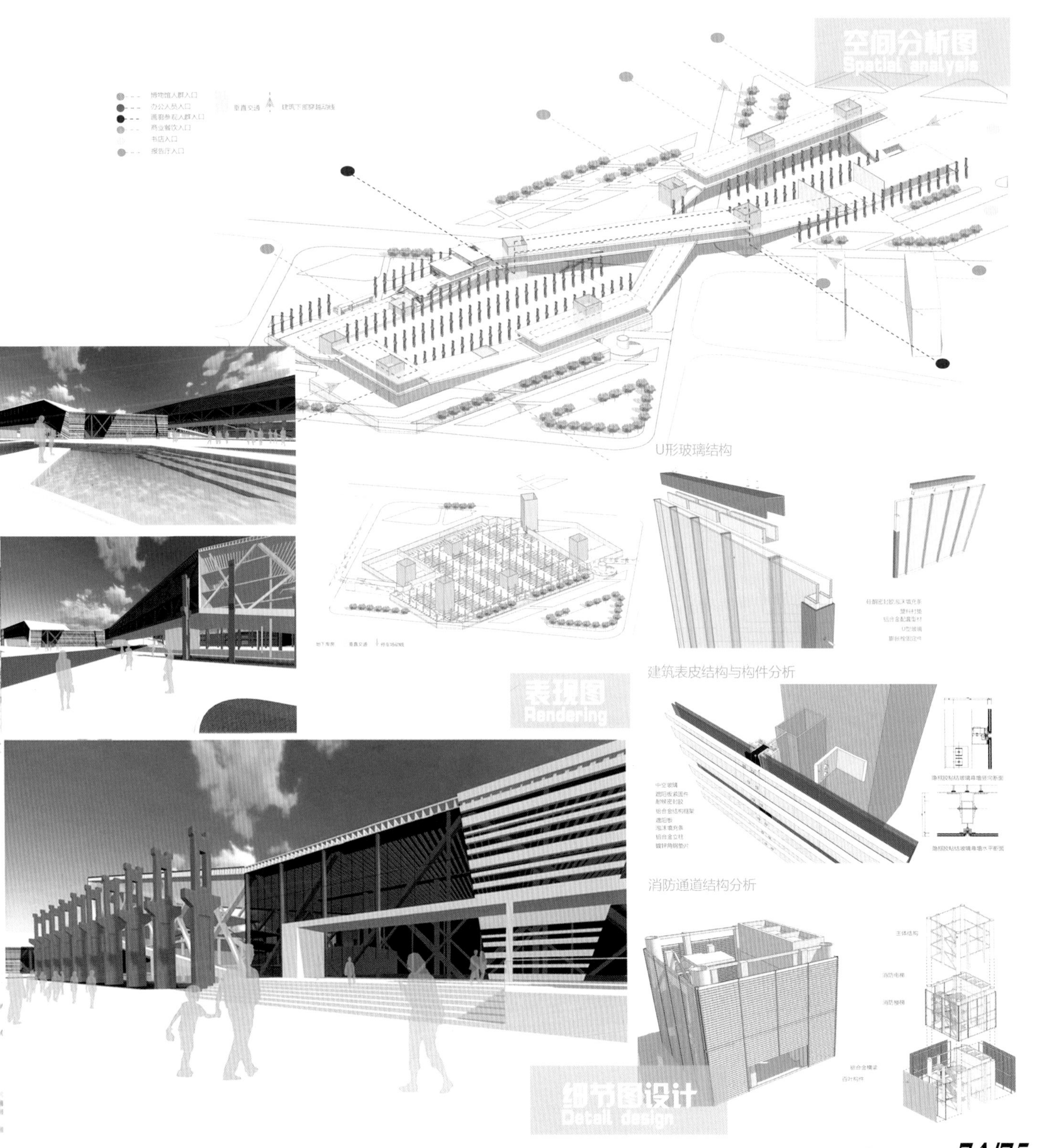
空间分析图
Spacial analysis
博物馆人群入口
办公人员入口
商业餐饮入口
书店入口
报告厅入口
垂直交通
U形玻璃结构
U型玻璃
表现图
Rendering
建筑表皮结构与构件分析
中空玻璃
遮阳板
泡沫填充条
铝合金立柱
消防通道结构分析
主体结构
消防电梯
消防楼梯
细节图设计
Detail design

重钢工业博览中心
——01重庆钢铁厂改造项目

THE INDUSTRIAL EXPO CENTER DESIGN
——An Industrial Transformation In ChongQing

指导教师：曾芷君　许牧川　卢海峰
作　　者：01 郭炼宇　02 方颖图　03 赵梦周　04 关达文　05 唐　正
学　　校：广州美术学院建筑与环境艺术设计学院

提名理由

除了项目本身的博物馆功能外，注重了空间功能的延伸，将衍生功能区设计为一个带状空间，赋予旧建筑一个新的表皮，在室内设计上注重强调了差异性。

设计定位Design orientation

从新控规的区域功能定位出发，重钢博览中心处于整个区域的核心位置，连接着创意拓展区、小区、交通枢纽、学校、会议中心等，所以应具备比单纯的博物馆更多的功能。通过对国内有代表性的博物馆以及周边建筑的分析，尝试将项目定位。

新的重钢博览中心应是集工业文明展示和文化产业为一体的利用工业体验（体验重钢聚散重构的钢铁情怀）博览中心。

设计主题Design theme

1. 由重钢 1890 年到 2007 年的钢产量曲线看出重钢发展的过程充满曲折，而这段故事可能也是最值得回忆的。

2. 由中型轧钢厂的建筑结构来看，牛腿柱与钢结构似乎与重钢有着骨肉相连的意味。

3. 为了使新的欧诺刚博览中心最能体现重钢的“记忆”，新建筑应该保留原有宏大的柱网关系，而人们在参观的时候也应该是穿越其中，去体会历史的曲折，而不应该仅仅停留在原有的尺度上。

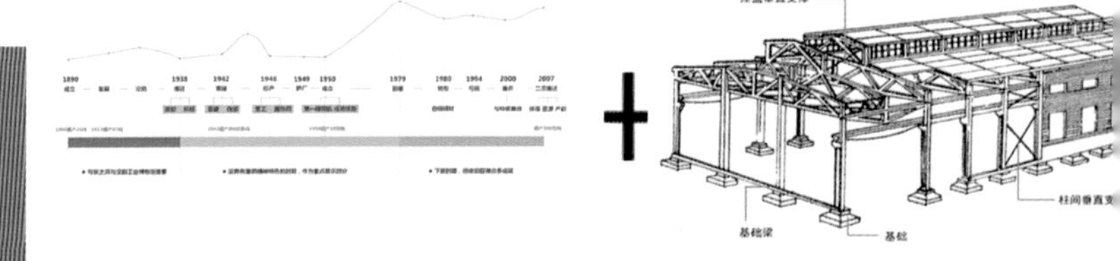

概念推演Concept

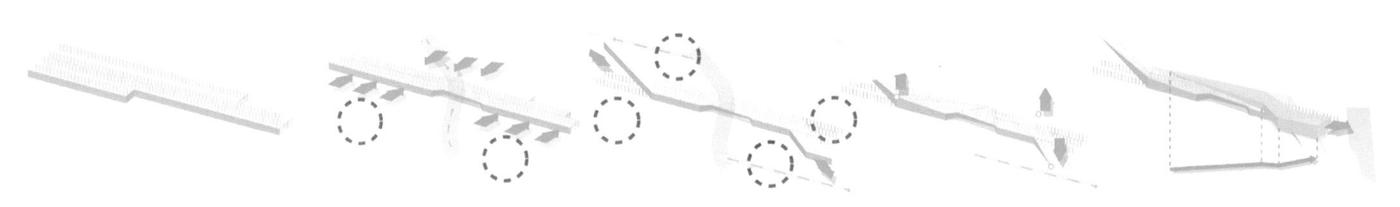

钢铁厂原有建筑体块

与主干道形成相互避让姿态，形成更大的广场空间

联系起综合枢纽和小区，将基地划分成四大功能块

打破建筑与支路的绝对关系，建筑成为行人的“便道”

为获取更好的视野，临江增加了建筑体块

立面图Elevations

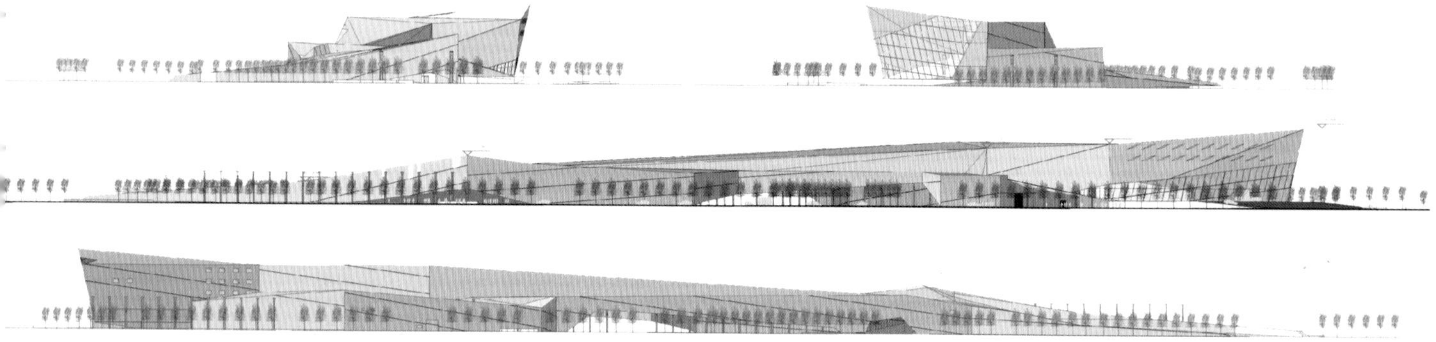

空间分析图Spatial analysis

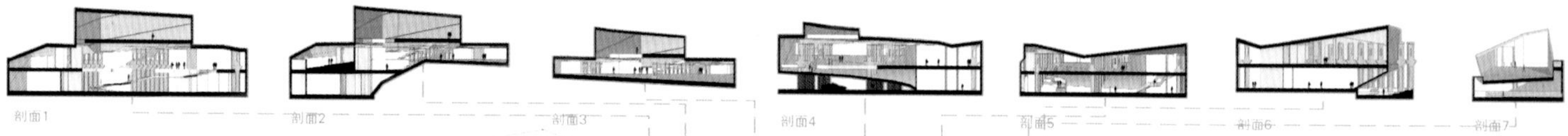

剖面1 剖面2 剖面3 剖面4 剖面5 剖面6 剖面7

从建筑的连续剖面的边线形态不难看出，在建筑看似无序的造型下隐藏着一个非常丰富的建筑空间。特别是空间与牛腿柱之间的关系，非常恰当地强调了与文化互动、感受文化新尺度的主题。

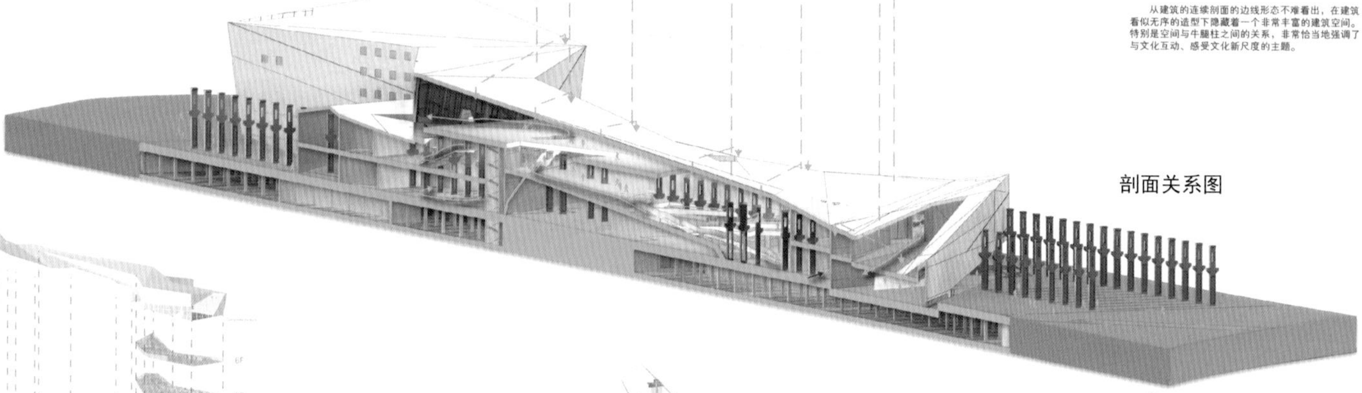

剖面关系图

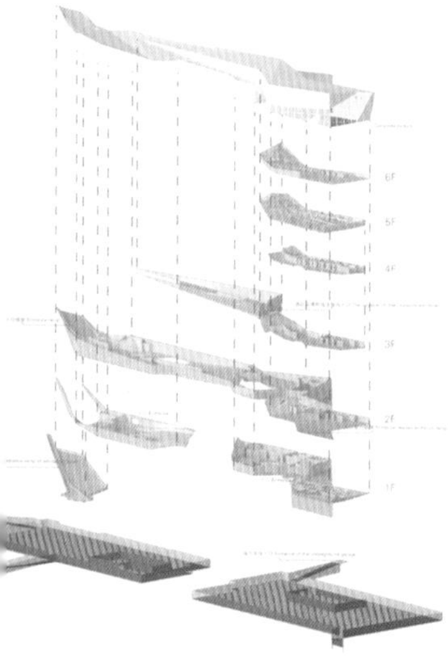

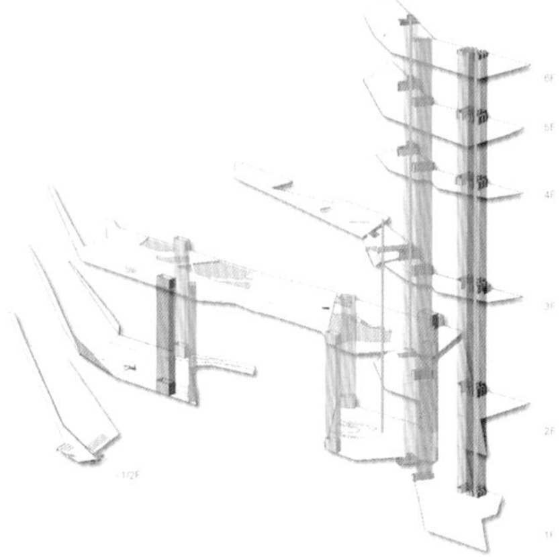

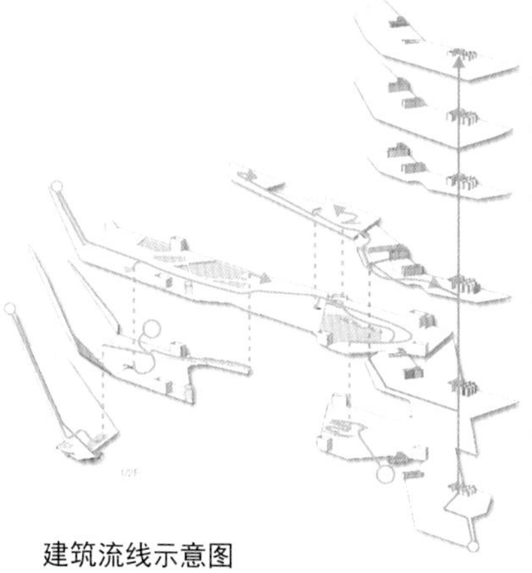

建筑功能分层示意图

博物馆
儿童教育中心
休闲餐饮区
主题酒店
地下车库

建筑垂直交通示意图

客流通道
消防通道
后勤通道

建筑流线示意图

博物馆参观流线
教育基地流线
酒店客人流线

重钢工业博览中心

——02酒店大堂区设计

作者：方颖图

定位：集重钢工业文明展示和文化产业为一体的利用旧厂房改造的公园式工业体验（体验重钢聚散重构的钢铁情怀）博物馆。

功能定位：公共绿地
钢铁主题性餐饮
钢铁主题体验酒店
博物馆
开放性图书馆
公共露天剧场
创意拓展区
工业技术培训基地
开放式青少年交流基地
纪念品商品体验中心

设计理念

在重钢片区中最主要的运输方式是轨道运输，整个轨道系统就相当于片区的血脉，将片区中所有的功能体块串联成一体，担当着不可或缺的角色。重钢主题酒店中，大堂是一个交通流线的节点，同时也是时空的节点，将过去与现在以及未来都交汇于此，让重钢的钢铁情怀延续下去。

形体推敲过程草图

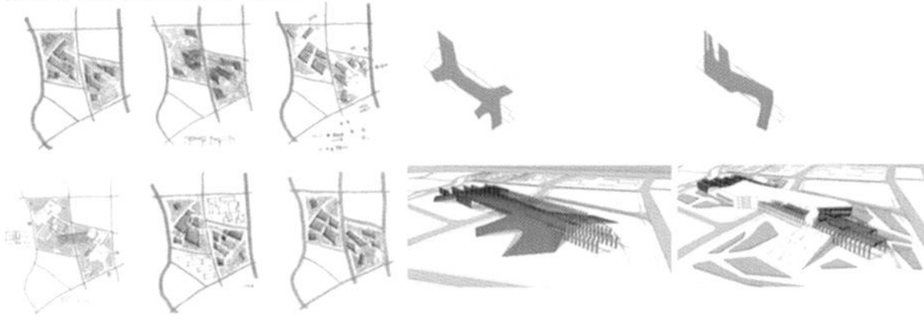

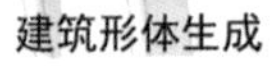

建筑形体生成

空间分析图

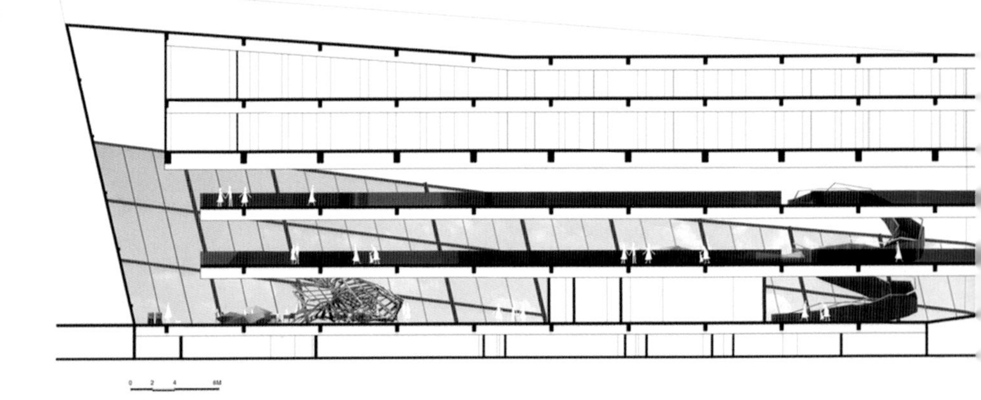

重钢工业博览中心
-03酒店客房区设计
The Room Design of The Industrial Exhibition Center Hotel of ChongGang

作者：赵梦周

概念推导

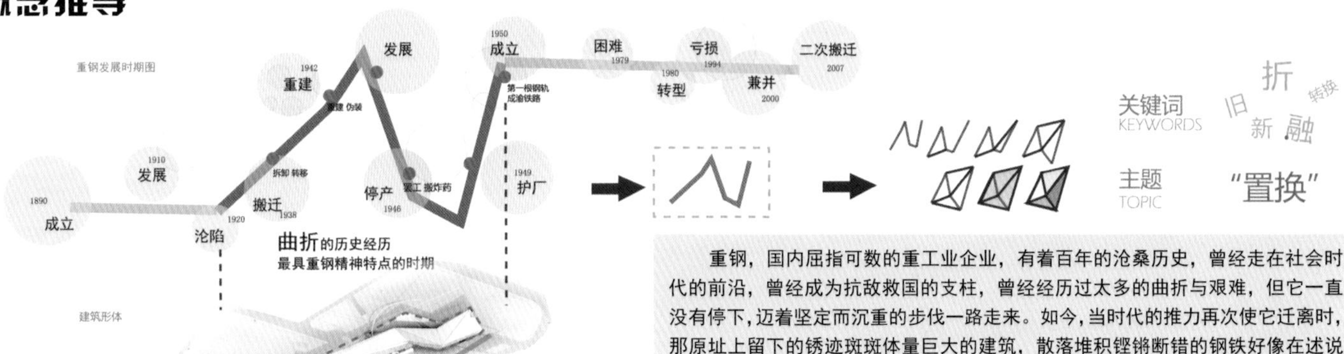

设计理念

重钢，国内屈指可数的重工业企业，有着百年的沧桑历史，曾经走在社会时代的前沿，曾经成为抗敌救国的支柱，曾经经历过太多的曲折与艰难，但它一直没有停下，迈着坚定而沉重的步伐一路走来。如今，当时代的推力再次使它迁离时，那原址上留下的锈迹斑斑体量巨大的建筑，散落堆积铿锵断错的钢铁好像在述说着什么，特别是对于那些曾经与它一起走过的人们，那里留下他们太多的记忆与故事。

我们的设计立足对重钢精神的尊重与继承，并以并置、碰撞的方式，将建筑室内空间进行改造，感受曾经的重钢深深的印记，这不仅仅是一种角色的置换，一种时空的转换，更是一种精神的丰富与延伸。

局部空间布置图

标准双床房平面图

标准双床房D立面图

标准双床房C立面图

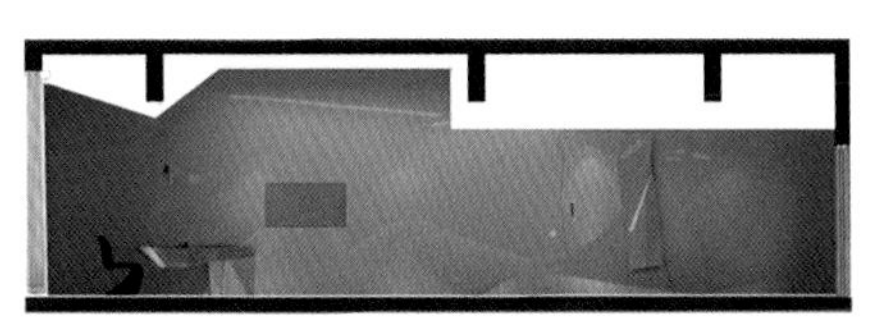

标准双床房B立面图

标准双床房A立面图

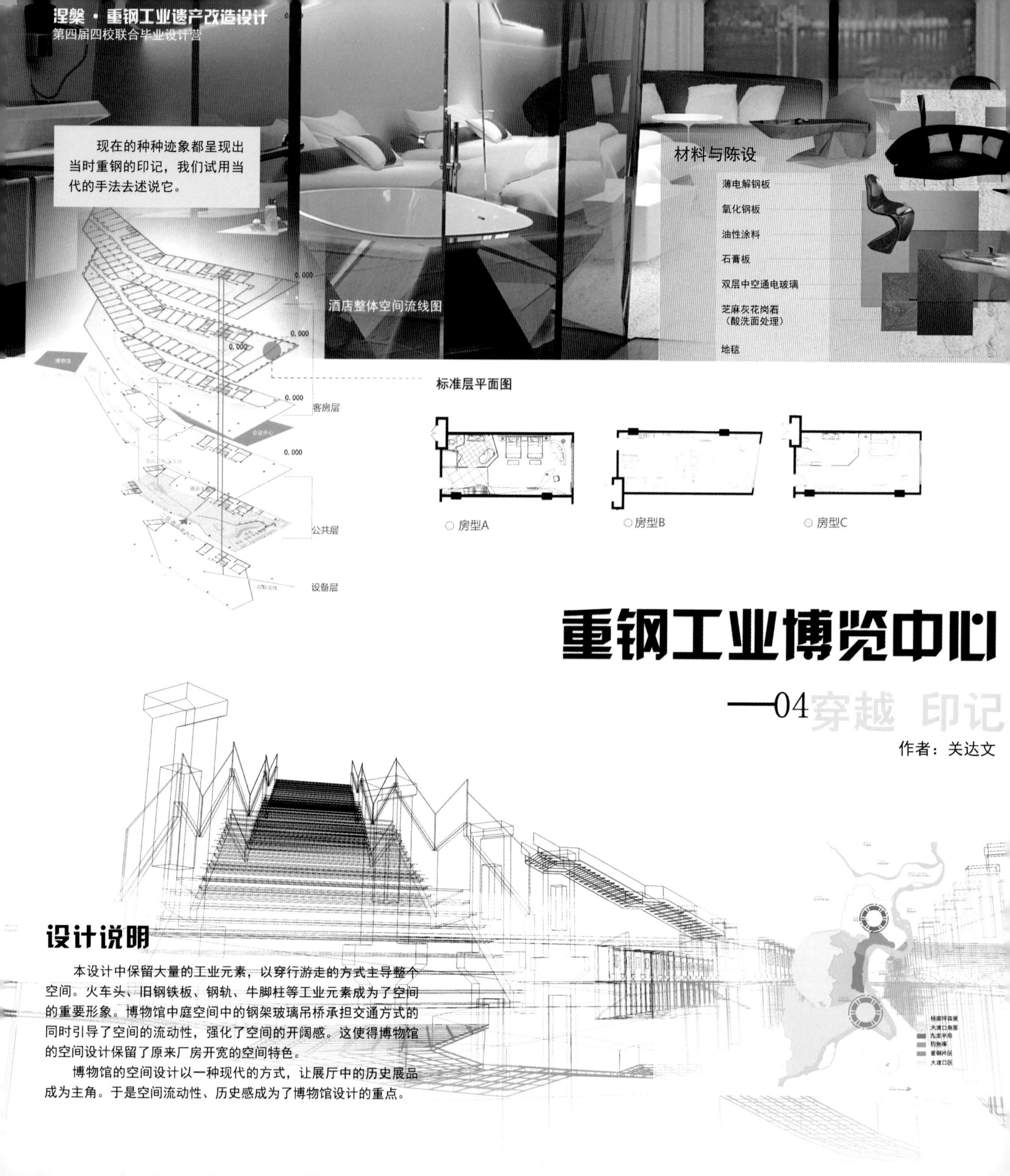

重钢工业博览中心

—04穿越 印记

作者：关达文

设计说明

本设计中保留大量的工业元素，以穿行游走的方式主导整个空间。火车头、旧钢铁板、钢轨、牛脚柱等工业元素成为了空间的重要形象。博物馆中庭空间中的钢架玻璃吊桥承担交通方式的同时引导了空间的流动性，强化了空间的开阔感。这使得博物馆的空间设计保留了原来厂房开宽的空间特色。

博物馆的空间设计以一种现代的方式，让展厅中的历史展品成为主角。于是空间流动性、历史感成为了博物馆设计的重点。

概念推演

建筑形体的生成综合了各种影响建筑与周边关系以及主要功能使用的要素。避让交通干道，加强建筑与城市的关系。利于博物馆内部空间的使用。做向下挤压和向上拉升动作。使得建筑体量有很强的雕塑感。空间流动性和历史感成为了博物馆设计的重点。

核心概念

博物馆的核心概念是“穿越”。博物馆建筑本身在形体生成和推敲时考虑到建筑与主要交通路网的关系，使得交通要道穿越于建筑之中，建筑中间做了一个抬升，这是建筑与城市关系层面的“穿越”。更核心的是博物馆的展示空间以一种穿越的方式游走于历史与现代、过去与将来之间。这一概念来源于对重庆钢铁厂的企业发展的曲折性的研究。由重钢钢产量的变化充分地反映了这个问题。

中庭空间中斜坡钢架玻璃桥就是这个“穿越”主题的升华。

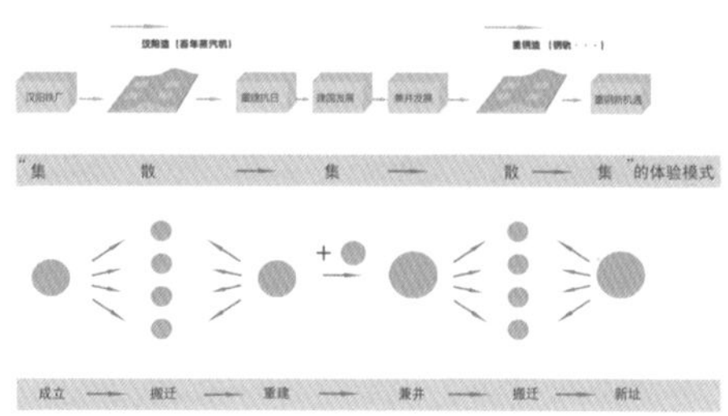

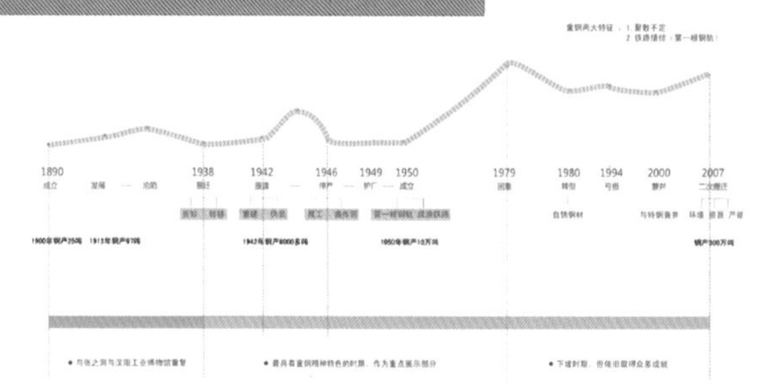

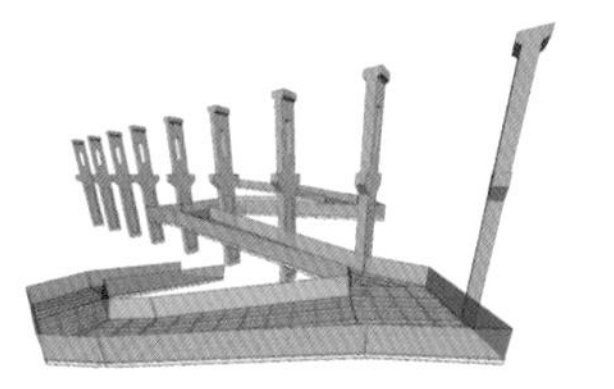

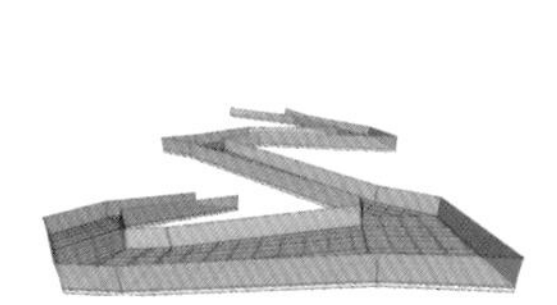

剖面图

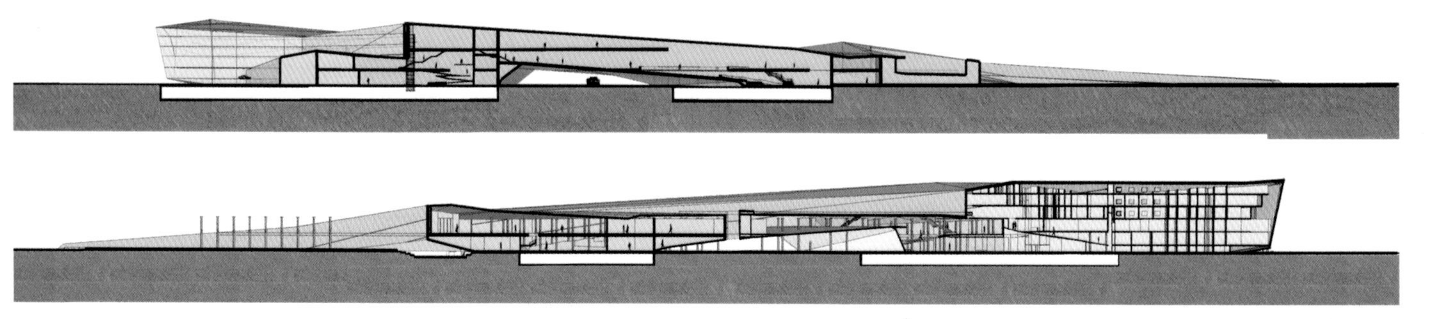

重庆工业博览中心

——05重钢休闲区设计

作者：唐　正

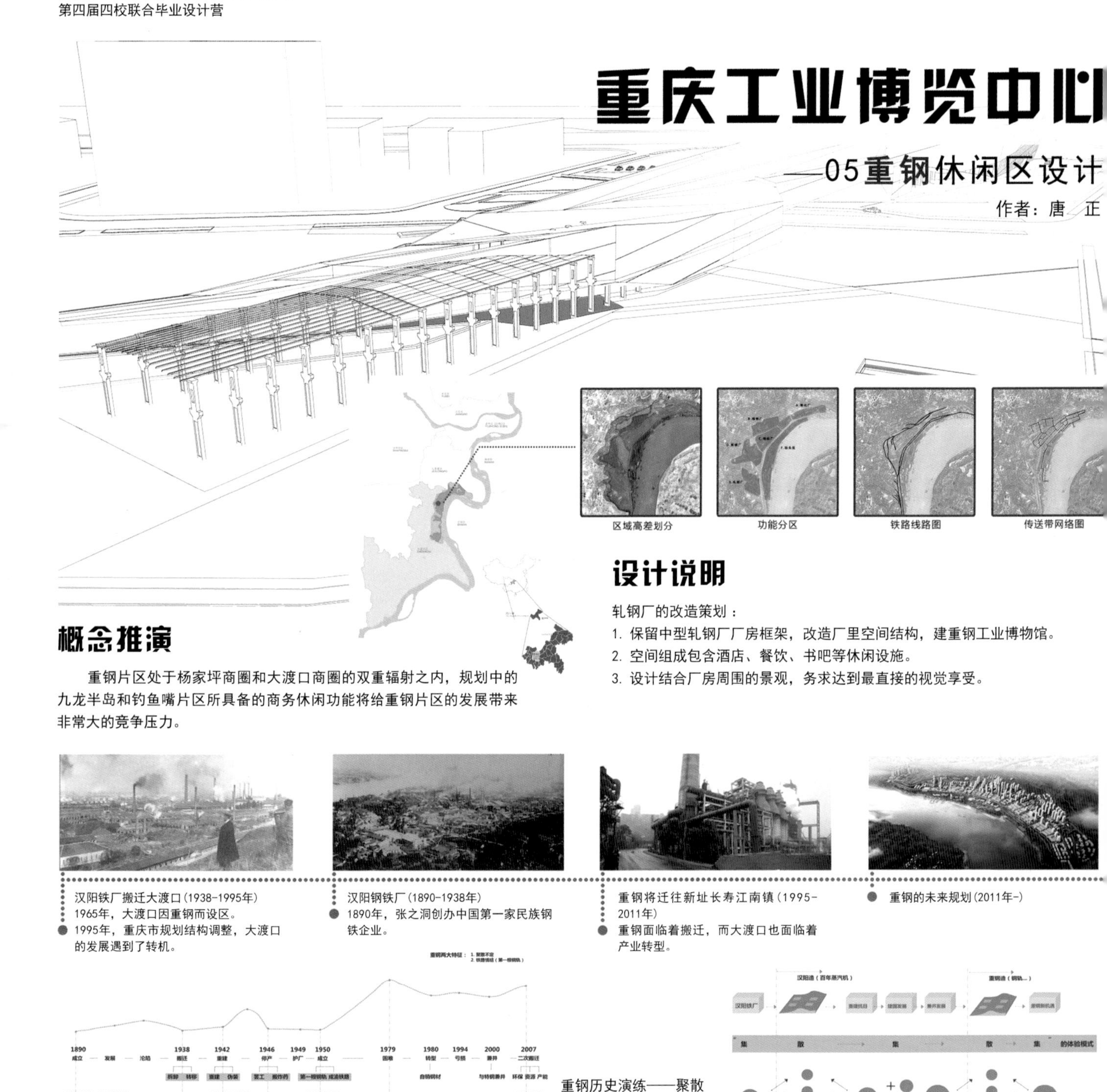

设计说明

轧钢厂的改造策划：

1. 保留中型轧钢厂厂房框架，改造厂里空间结构，建重钢工业博物馆。
2. 空间组成包含酒店、餐饮、书吧等休闲设施。
3. 设计结合厂房周围的景观，务求达到最直接的视觉享受。

概念推演

重钢片区处于杨家坪商圈和大渡口商圈的双重辐射之内，规划中的九龙半岛和钓鱼嘴片区所具备的商务休闲功能将给重钢片区的发展带来非常大的竞争压力。

汉阳铁厂搬迁大渡口（1938-1995年）
1965年，大渡口因重钢而设区。
1995年，重庆市规划结构调整，大渡口的发展遇到了转机。

汉阳钢铁厂（1890-1938年）
1890年，张之洞创办中国第一家民族钢铁企业。

重钢将迁往新址长寿江南镇（1995-2011年）
重钢面临着搬迁，而大渡口也面临着产业转型。

重钢的未来规划（2011年-）

重钢历史演练——聚散

建筑形体形成概念——拆迁、移接、重组

重钢最有特色的历史特点是其搬迁、拆除重组的过程，建筑体块的形成概念是在轧钢厂基地和路网的关系中，将重叠部分拆除再移接到保留的部分进行重组，旨在贯彻重钢的历史精神。

平面图

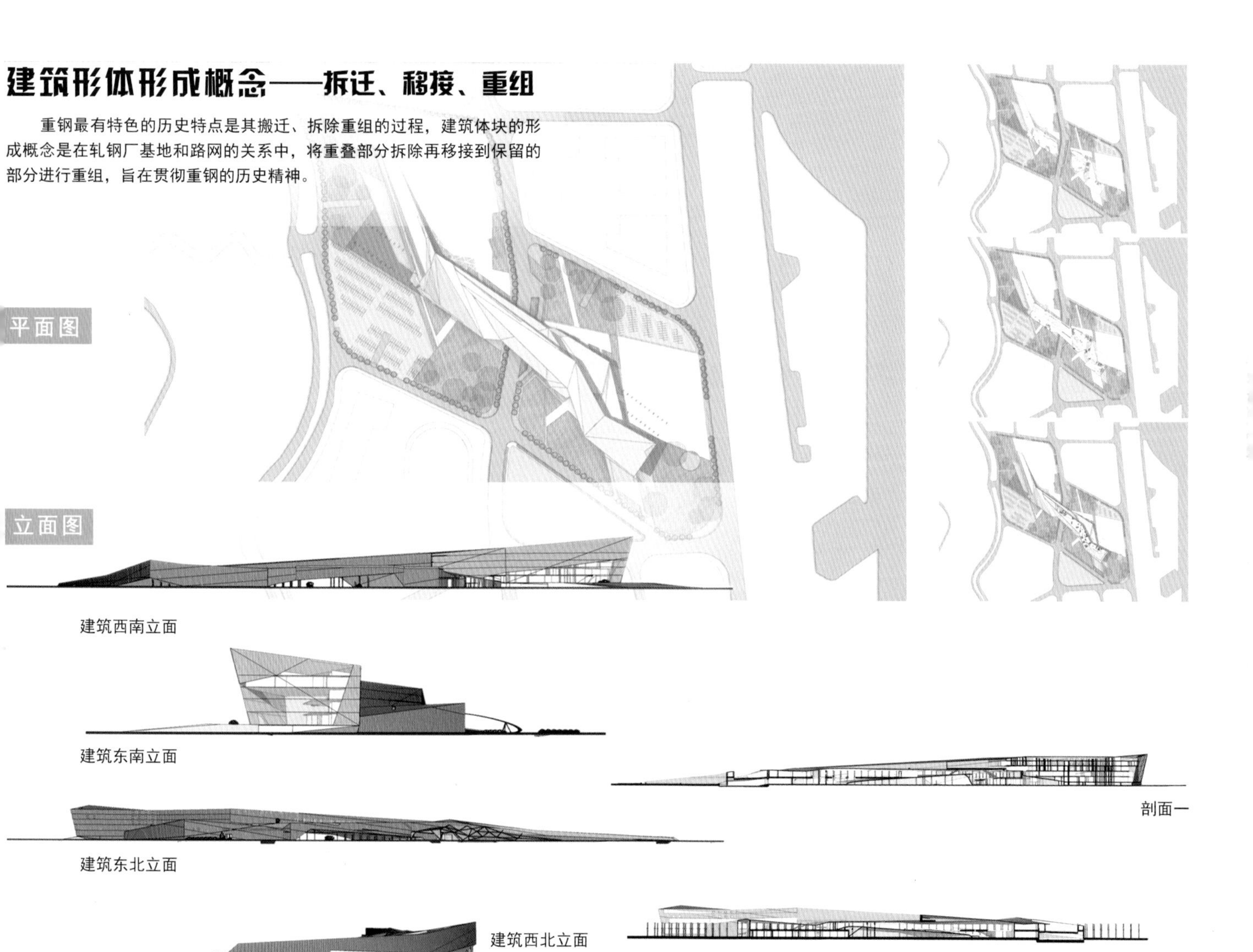

立面图

建筑西南立面

建筑东南立面

剖面一

建筑东北立面

建筑西北立面

剖面二

实体模型

参赛作品

1535℃的回忆

——重钢工业改造

指导教师：张新友
作　　者：郝　波　雷朦蕾　陈旦尼
学　　校：四川美院设计学院环艺系

重钢在大渡口占地6平方公里，号称十里钢城。钢城濒临长江，气候温和，地势平坦，资源丰富，与九龙坡区、高新技术开发区、沙坪坝区相邻，与南岸区、巴南区隔江相望。重钢是城市的传统工业中心面临向新产业工业文化传播与利用的城市中心转变的需求，同时也是重庆“两江四岸”的重要地段。

本案设计场地为重钢5号高炉车间

如何改善钢铁厂长期以来对自身及周边环境所造成的污染

一、利用钢铁厂遗留的工业固体废料进行能源再生，引入环保的概念，实现绿色生产的环保理念。
二、把厂区以及周边已经被污染的土地和水域运用雨水收集来净化和重新利用。
三、扩大厂区绿化面积，改善环境的同时也会使空气质量大幅度提升。

>>概念来源
Source concept

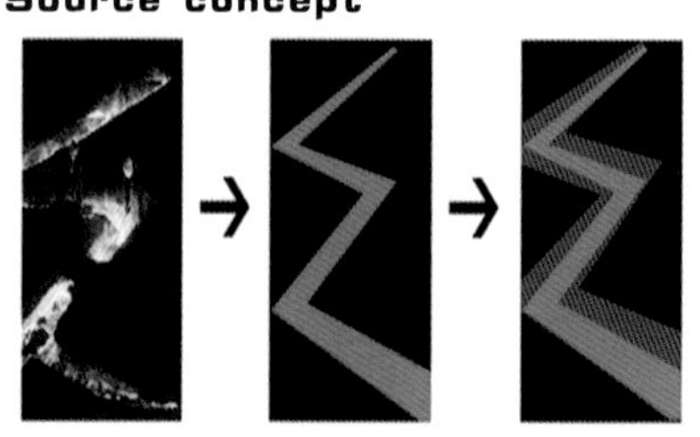

重庆钢铁厂是高温提炼的重化工企业，在这个过程中，物质是由固态变为液态，也就是把铁矿石高温除渣后形成铁水，再由铁水冷却凝固成初级的铁制型材，其中铁水无疑是这个过程中的最精彩的环节。1535℃是铁的熔点，是物质由固态变为液态的转折点，因此采用铁水这个钢铁厂独特的元素，作为我们的设计主题。

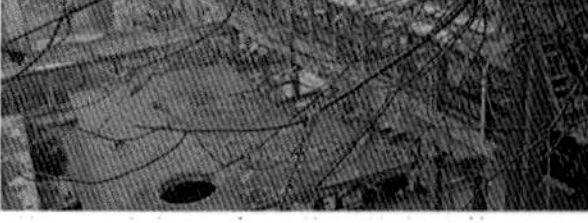

解决对策
SOLUTION COUNTERMEASURE

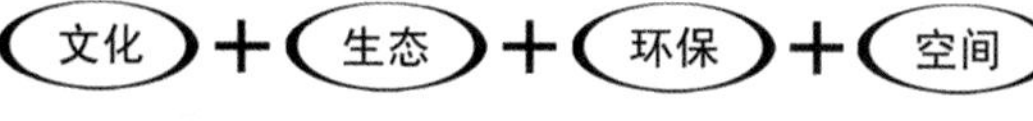

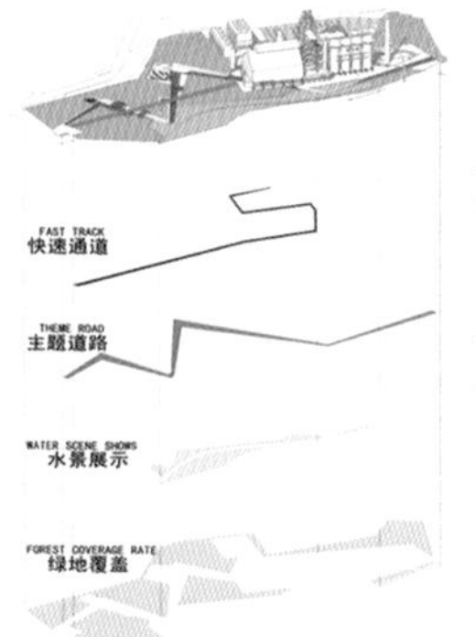

向内倾斜的墙面给人一种被包围的感觉，深度设计得较浅，减弱内倾斜墙面带来的压抑感，并给人一种不同寻常的空间感受。墙面上雕刻有描绘重钢生产场景的浮雕，让人在走进重钢的时候对其有初步的了解。

向外倾斜的墙面令空间显得开阔。利用场地原有过滤池上方的居中设备改造成装饰性的铁架，并架设在该路段上，这样不仅能增加空间的多样性，而且利用场地原有材料来进行再生利用，是延续重钢记忆的一种手法。

推想过程
THOUGHT PROCESS

铁水：（1）平面

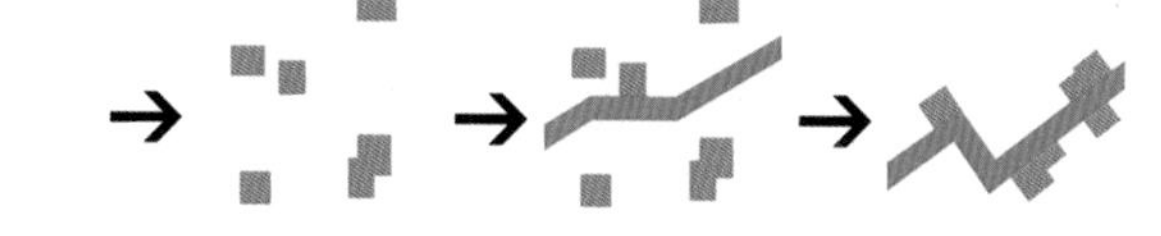

过于平坦　过于分散　分散　组团

（2）立面

形式一　形式二　形式三　形式四　形式五

空间形式
SPACE FORM

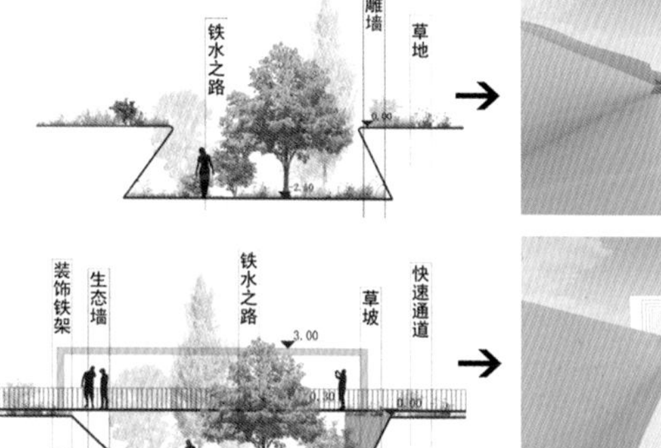

景观中采用屋面雨水、绿地雨水、道路广场雨水、景观水体分散型的小型雨水收集项目进行雨水收集。

本方案将涉及两个系统：1. 房屋、绿地、道路广场雨水收集系统；2. 景观水体雨水收集系统。并且 1 系统和 2 系统既能独立运行又能配合运行，在不同时间根据不同的需要能做出最合理的选择使用，从而形成景观整个生态系统的良性循环。

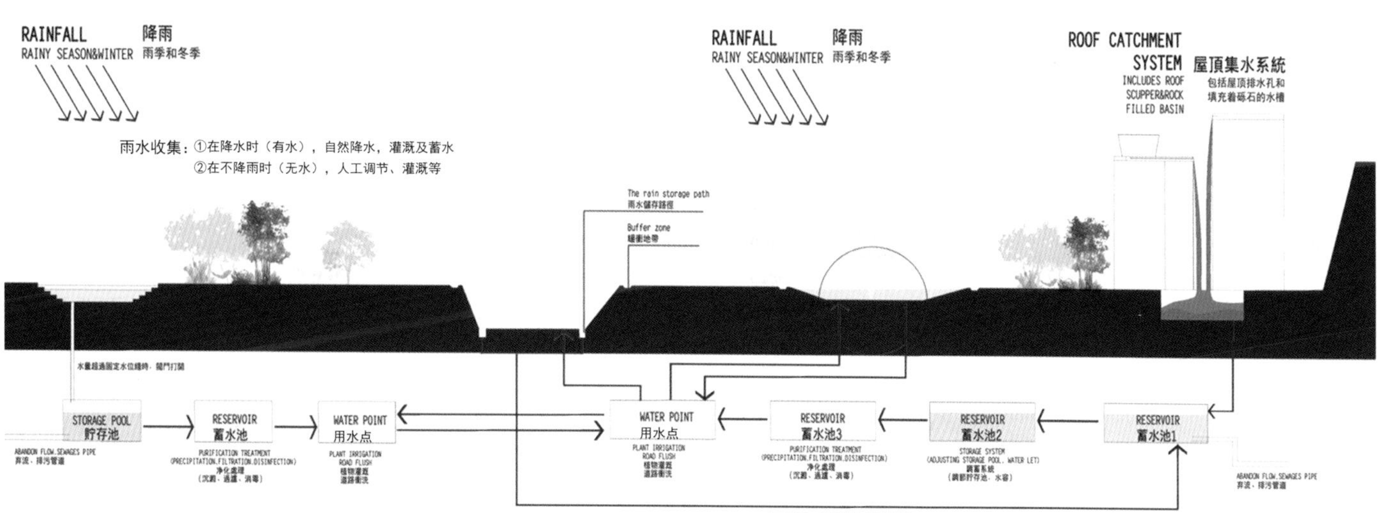

线带·记忆

重钢地块滨江带改造设计

指导教师：魏　婷

作　　者：邓银美　邱明灯　夏露露

学　　校：四川美院建筑艺术系

设计说明

该区域被铁路所分割，但又通过桥和传输带与内部厂区相接。它既是一个原材料堆放区，也是成品堆放区，是重钢的主要门户。工业文化与重庆特有的码头文化并存。此地给人印象最深刻的是贯穿于整个地块的传输带，起伏跌落，有很强的空间感，也是连接各区域的纽带。因此，我们的设计主题是——线带记忆，即通过对滨江地块中原有传输带这一元素加以修复、整理、删减以及增减、改建、扩建等。功能置换，再次为场地服务，成为场地的主角，设计的主角，延续着工业的回忆。整个场地以“一带三区”进行改造，带即是传输带，三区分别是文化展示体验区、中心主题公园休闲区和码头游乐区。人们随路线体验。寄予人们对工业的深刻记忆——线带记忆。

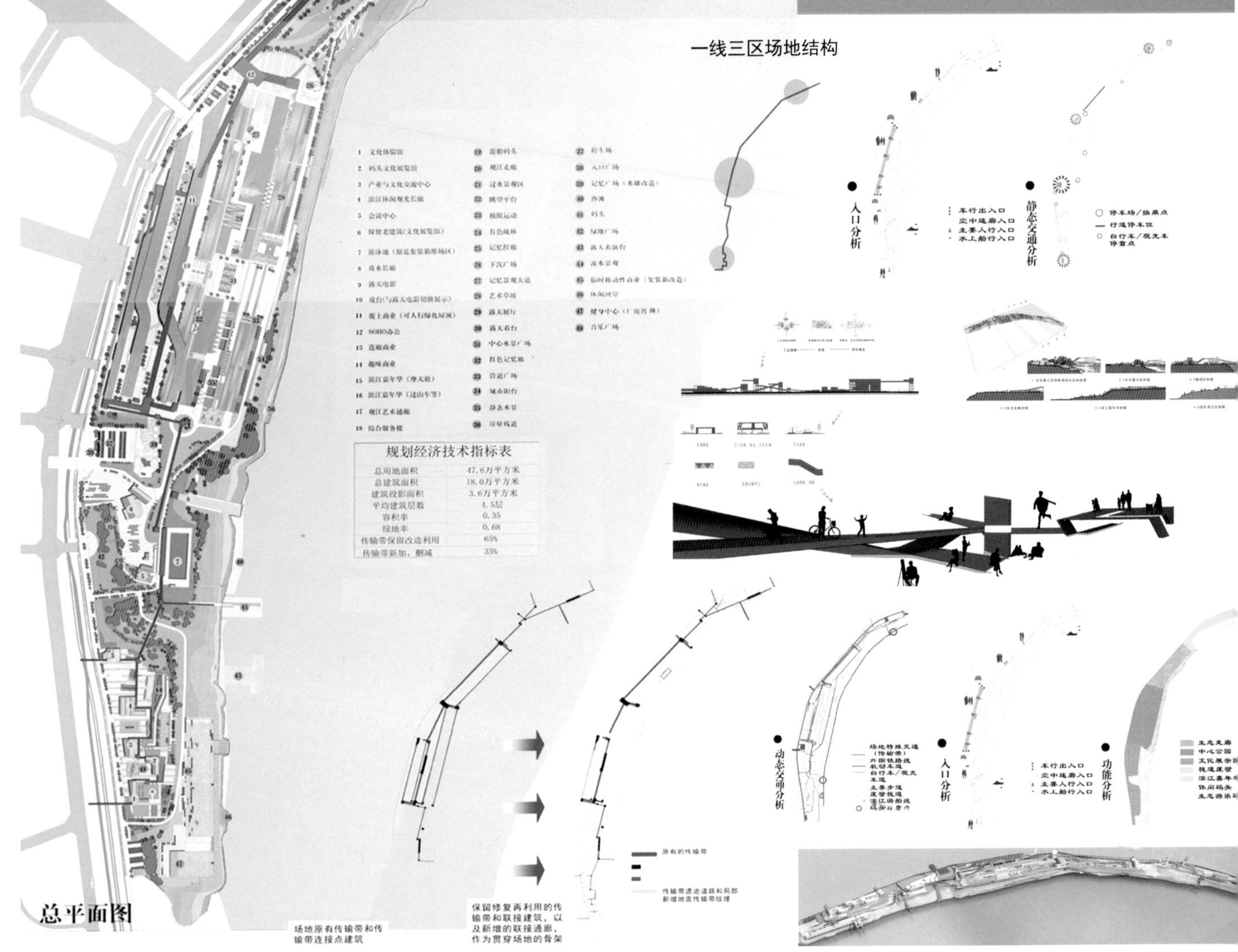

规划经济技术指标表

项目	指标
总用地面积	47.6万平方米
总建筑面积	18.0万平方米
建筑投影面积	3.6万平方米
平均建筑层数	4.5层
容积率	0.35
绿地率	0.68
传输带保留改造利用	65%
传输带新加、删减	35%

总平面图

场地原有传输带和传输带连接点建筑

保留修复再利用的传输带和联接建筑，以及新增的联接通廊，作为贯穿场地的骨架

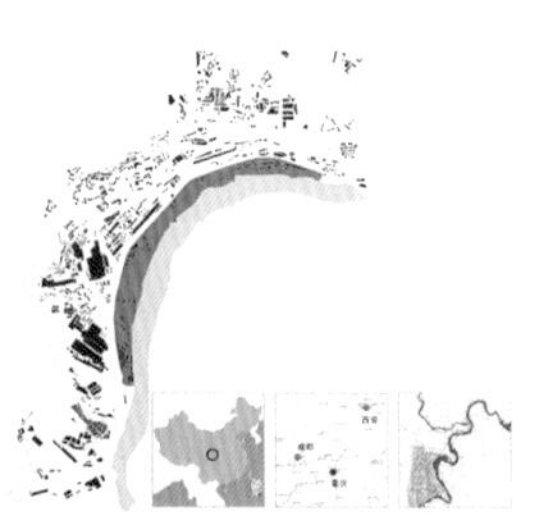

此项目选址重钢片区，位于重庆大渡口区东部，东临长江，北靠杨家坪城市中心商业区，西临大渡口中心区、南街钓鱼嘴。设计地块位于整个重钢工业区的滨江地带，原重钢堆场区和货运码头，总占地面积是376000平方米。

重点区域一·中心主题公园

商业街鸟瞰效果

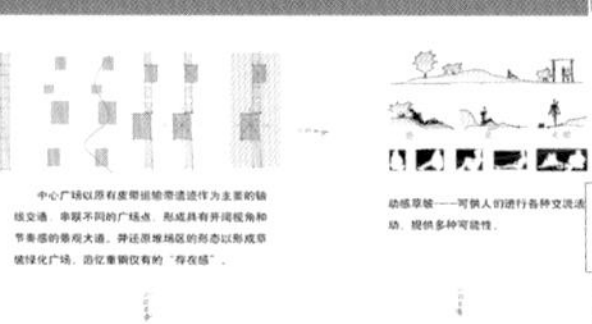

覆土建筑设计构思

以提取重钢特有元素——传输带和管道，通过保留的传输带作为贯穿场地的通廊，结合公园特征，消隐建筑，还原场地价值和实现更为生态的工业遗址公园。

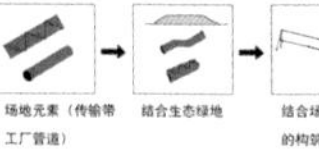
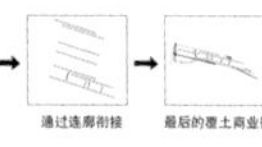

中心主体公园位于整个滨江的核心区域，由覆土商业金融街、市民中心广场、生态走廊区域组成，原是重钢码头原料堆场区，地势较为平坦，视野开阔。

此块场地多为破旧危房，其采光间距、消防等都存在问题，调查研究后以拆除90%进行重建。并利用台地设置退台景观，增设连接带，加强并延续与整体的关系，充分利用工业元素来塑造新场地。

重点区域二·文化展示区

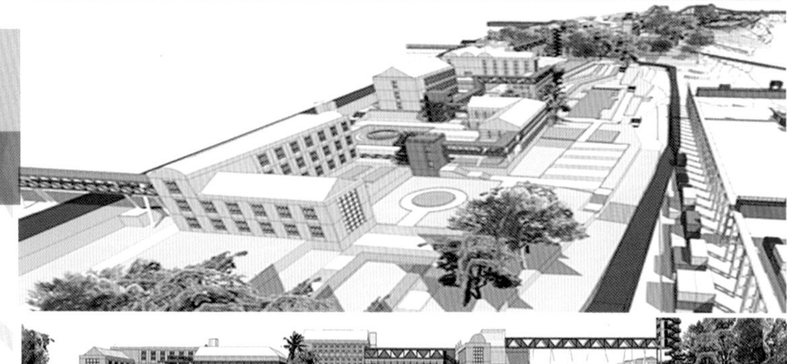

重点区域三·滨江嘉年华

滨江嘉年华区域以传输带为主线，串联保留建筑，以错落穿插的动感空间展现传输带的力量，实现参与多样化，强调作为工业运动公园的机械美感，不仅对工业遗产进行了保留，也提升了场地价值，主动控制场地，活跃场地。

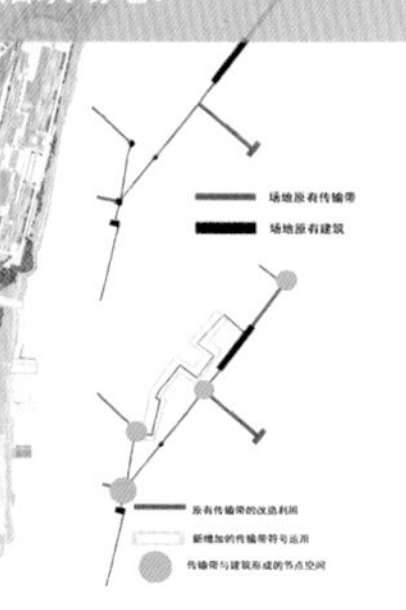
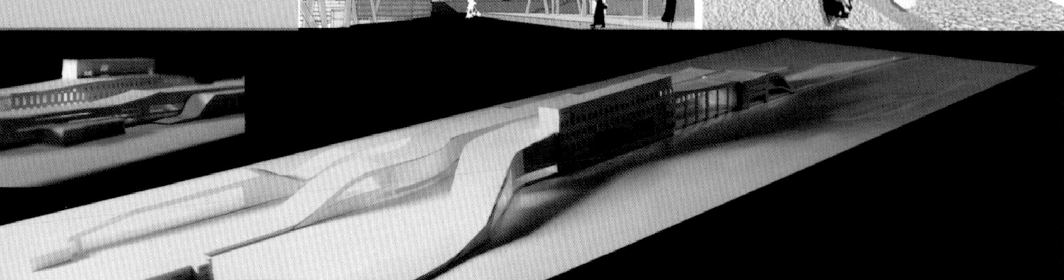

迹·记·寄
重钢工业废弃更新地的区域改造与更新
指导教师：周秋行
作　　者：刘洪畅　和　晴　封姝媛
学　　校：四川美院建筑艺术系
1、相对孤立的原有三个地块
A
B
C
2、在地块间契入新的功能体量区域
(打破孤立性，激发整体片区活力。)
3、架设连接A、C的快速通行带
(通江达岸，体验式快速通行。)
4、三个区域联为整体，激发新的区域活力
(城市——博物馆——滨江)
5、植入重钢元素，恢复及创造新的区域特色。
(提升区域吸引力，延续地域文脉。)
设计说明
整体设计范围包含三个功能的区域：西侧山体地带（A）、中部博物馆片区（B）以及东部滨江商业区（C），其中A、C地块依据上层规划设计为两个商业综合体，A部面向城市，C部主要面向博物馆片区，一次功能定位分别明确为服务城市以及延续重钢。B部分为两个区域的重要交通连接点，串联两个区域，打通城市——滨江的快速人行通廊，同时穿越重钢，在实现通江达岸目的的同时，创造一种具有区域特色的体验式通行方式，即：“重钢天街”。
商业金融用地
二类居住用地
教育用地
文化娱乐用地
城市绿带
概念推演
概念演绎
印迹　表象　痕迹
印记　内涵　记忆
印寄　形式　寄生
印记　一种情感记忆
片区内人们的怀念与追忆　旧的利用　老元素、老代码
片区外人们的体验与感受　新的创造　新形式、新手段
印寄　最终设计方式与手段　契入与接续
契入　新的契入
接续　旧的接续
效果图
草图过程

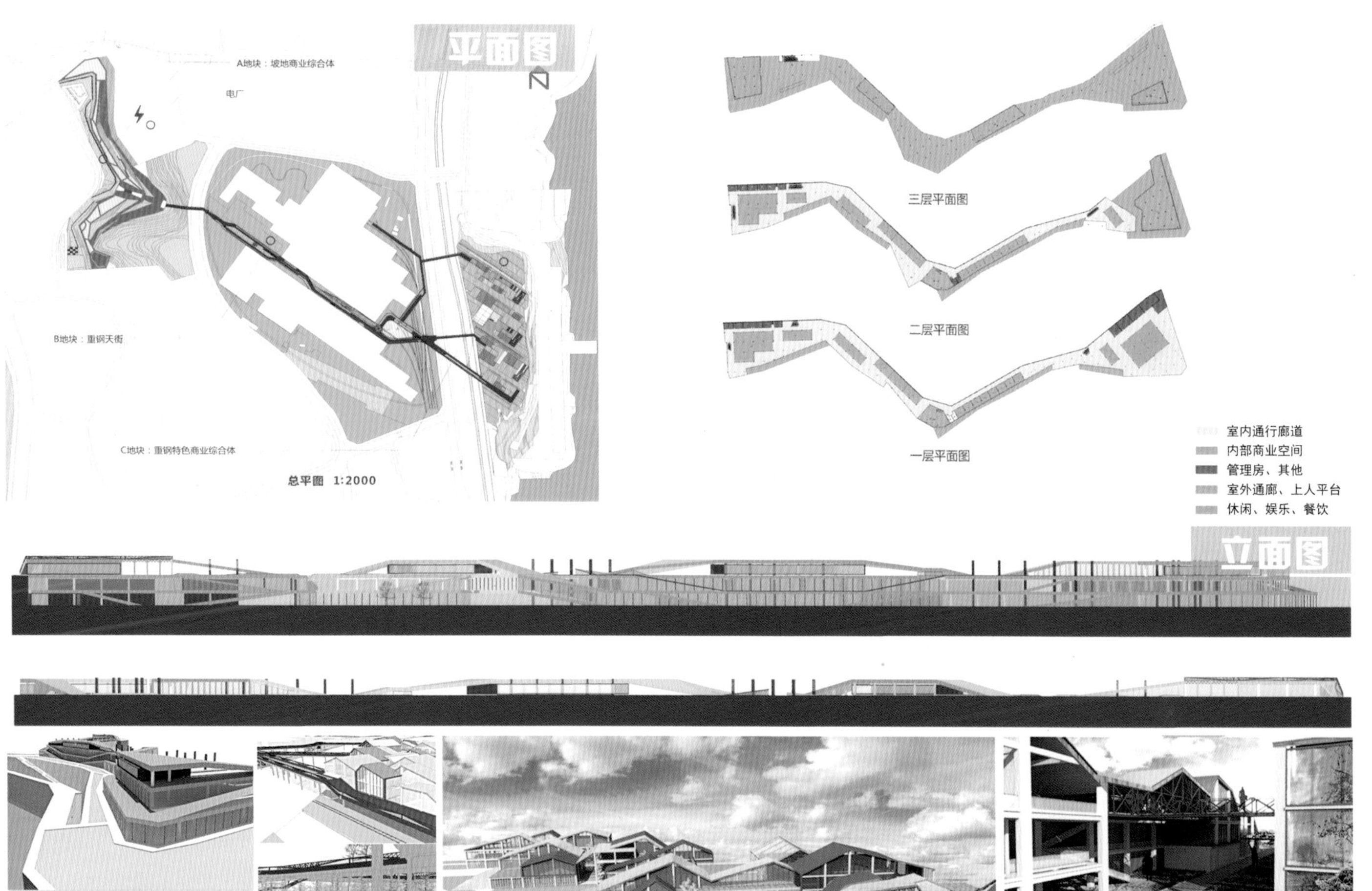
平面图
A地块：坡地商业综合体
电厂
B地块：重钢天街
C地块：重钢特色商业综合体
总平面图 1:2000
三层平面图
二层平面图
一层平面图
室内通行廊道
内部商业空间
管理房、其他
室外通廊、上人平台
休闲、娱乐、餐饮
立面图

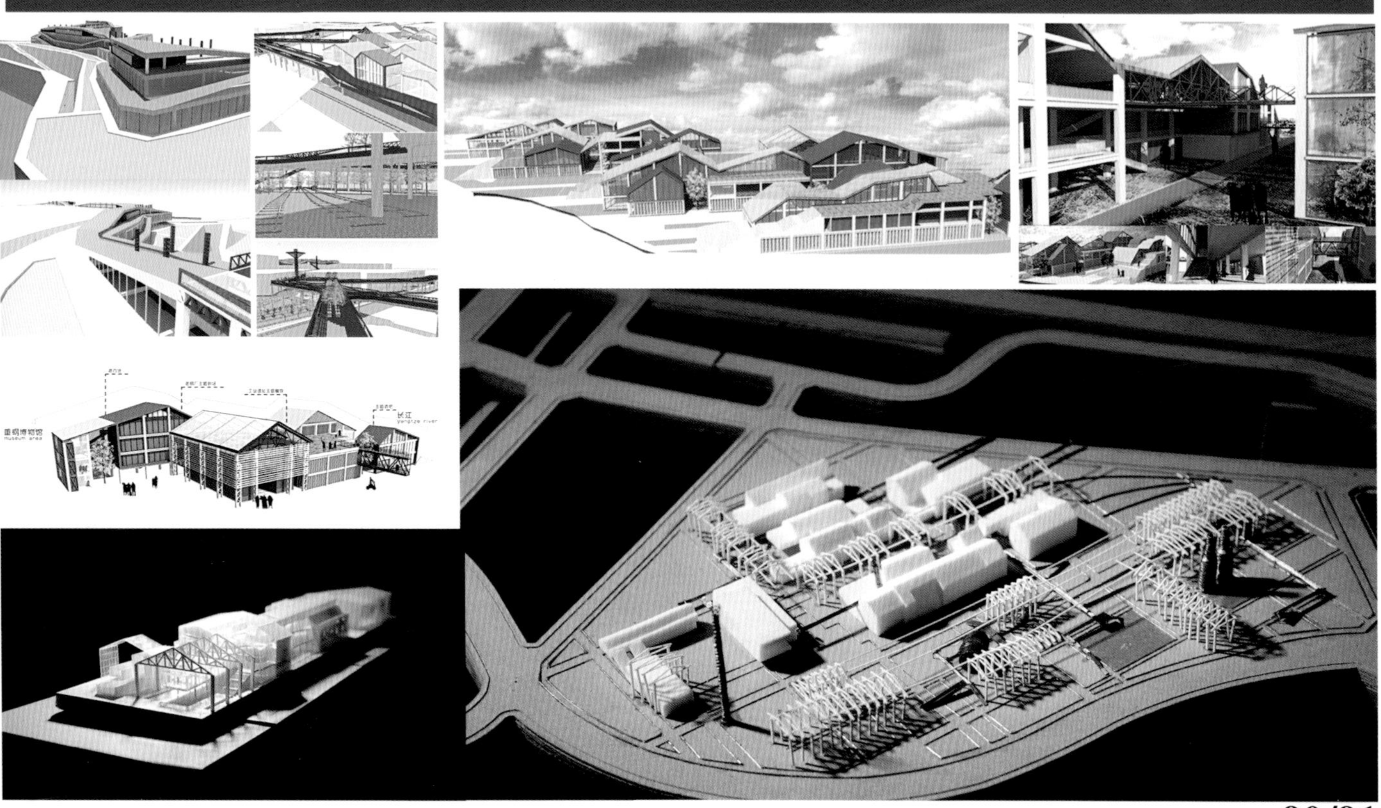
重钢博物馆
长江

共融 共通 共生

重庆钢铁厂改造设计

指导教师：李 勇
作 者：黄礼刚 郑敏飞 邓 娇
学 校：四川美院建筑艺术系

区位分析

1965 年 4 月 2 日，为服务重钢而设立的大渡口区，原九龙坡区管理的九宫庙、新山村、跃进村 3 个街道办事处划分，成立"大渡口工业区"，面积仅 7.46 平方公里。也因此有了"钢城"之称。重钢地区作为重庆城市的南部门户，对外联系便利，是城市的传统工业中心，面临向新产业集群及工业文化传播与利用的城市中心转型的需求，同时也是重庆的重要区段之一。

设计说明

主题博物馆需要明显的属性特色，在本次针对重庆工业的博物馆设计中，基于建筑功能与建筑形态的关系之上，以延续作为主要的目的，充分尊重基地历史及原始厂房形态，打造"另类"感受的展览、观展、工业废墟游逛空间，延续城市的文脉，提升文化价值。

整体格局：本设计博物馆以组团的形式出现，将旁临的另一废弃厂房改造为工业废墟景观公园，并设置空中廊道在博物馆群中相互穿插，联动博物馆群与废墟公园，充分渗透、融合。另外，博物馆中设置创意商业区，营造开放的交流空间，以实现持续发展，带动后期经济。

在设计中打破原有的大体量单体结构，不以建筑现有框架承受主要荷载，结合工业厂房结构来打造博物馆的形态，而现有厂房屋顶架则作为博物馆屋顶的主要参考。以不一样的空间手法来打造主题环境达到触及人们空间感受的设计目的。

名人馆 行业馆 重钢馆

改造厂房立面及横跨度尺寸

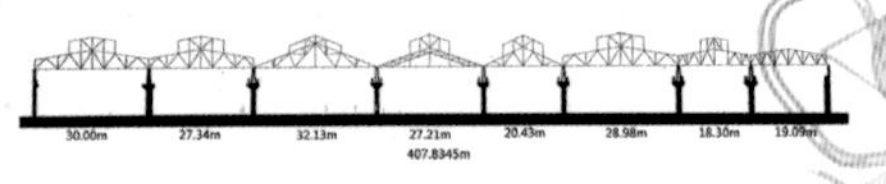

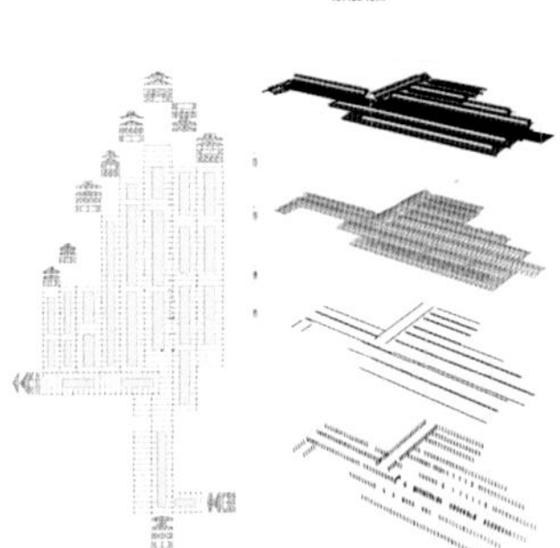

总体特征
单层屋架结构厂房

结构特征
厂房梁柱距为6m
厂房梁柱高为24m
竖列8个厂房间无隔墙，相互连通。

Building area

屋架特征
总体高度不一
间歇布局通风、采光作用的重檐顶架。
改造厂房原始平面图及柱网分布
〔型钢厂〕
厂房通风棚
厂房根据生产需要逐渐扩大面积，并非同期建成。所以屋架的样式和尺寸大小并不都统一。

集装箱商业体形式构成示意

A区立面图

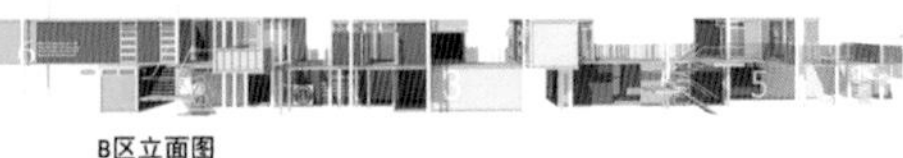
B区立面图

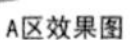
A区效果图

B区效果图

趣味改造构成分析
创意商业体
儿童设施
眺望台
挑高观景道
游泳池
植物池
展品
重钢馆剖面
重钢馆平面图
博物馆的分类中按照重庆工业领域多年来工业的发展而定位，包含有重钢工业遗址博物馆（以重钢多年来历程为线索，将对重钢具有重要贡献意义的工业生产设备陈列在核心陈列馆）；企业馆（在重庆的工业领域里许多企业都在为着工业的发展而贡献着力量，为其主要的企业设立陈列馆）；行业馆（重庆在抗战年间其工业对整个民族的发展起到了举足轻重的作用，主要有军工业、汽车、船舶等领域都做出了不朽的贡献）；图书馆（整个博物馆区域设立工业图书馆对工业知识的发展和普及有着重要的作用）；临时展览馆；小型的演艺多媒体中心 7 个部分组成。
挑高景观平台改造示意
重钢馆鸟瞰图
效果图

重钢片区改造

——图书馆设计

指导教师：虞大鹏　何　崴　苏　勇
作　　者：陈嘉漩
学　　校：中央美术学院建筑学院

基地位置

我设计的图书馆位于文化中心的西南侧，基地面积 29280m²，建筑面积 15358m²，书库加阅览面积 7128m²，报告厅面积 1432m²，书店面积 1510m²，办公面积 1856m²，停车位 48 个。从厂房片区原有建筑肌理中可以看到，方向感强烈的长方形占据了绝大部分的面积，中间零星点缀的圆形成为了标志性的元素，于是我提取这两个基本形进行叠加与重组，以产生不同的空间序列。

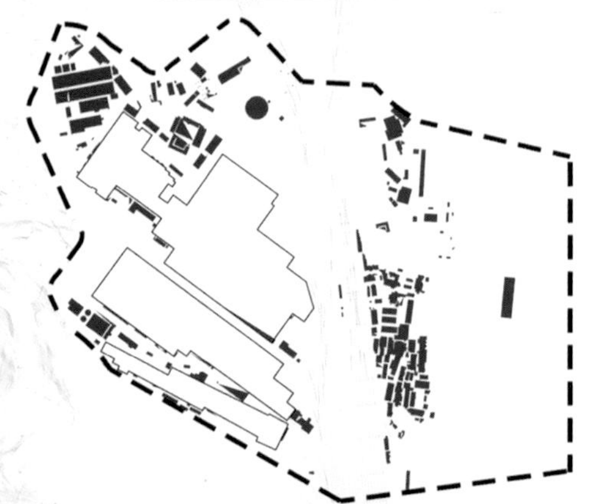

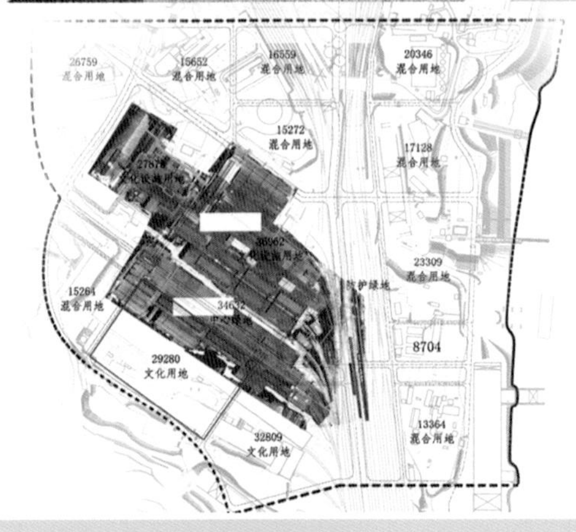

过程照片

为了延续之前的规划肌理，我把建筑的主入口设在了北边。主入口两侧分别是集散绿地和连接美术馆的一个下沉广场，休闲公园和停车场设在了建筑西南部靠山的位置。通过主入口门厅能直接到达青少年阅览区、休息区、书店和开架式书库，穿过中庭能到达后勤办公区，报告厅有自己的独立入口，检索区设在休息区与书库之间的一条可供选择的流线上，各个功能区既独立又相互联系。通过中央大坡道能到达多媒体阅览区和报告厅二层的多功能办公室。

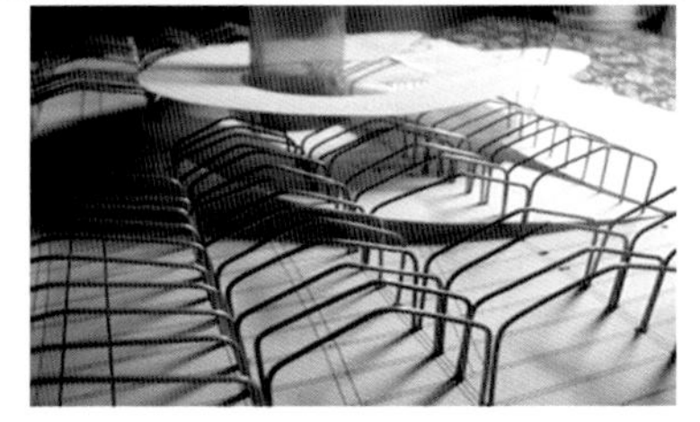

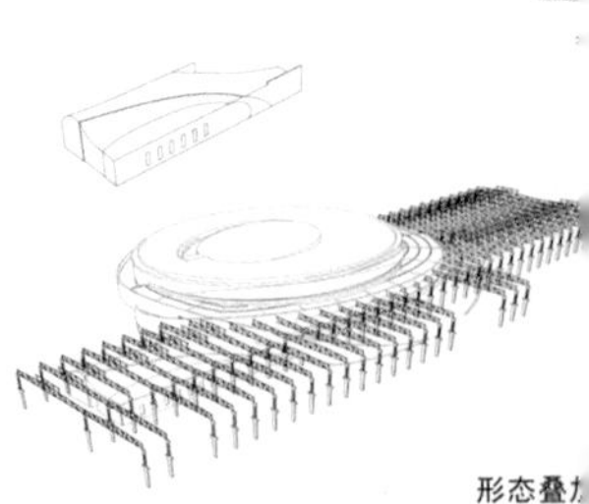

形态叠加

总平面图

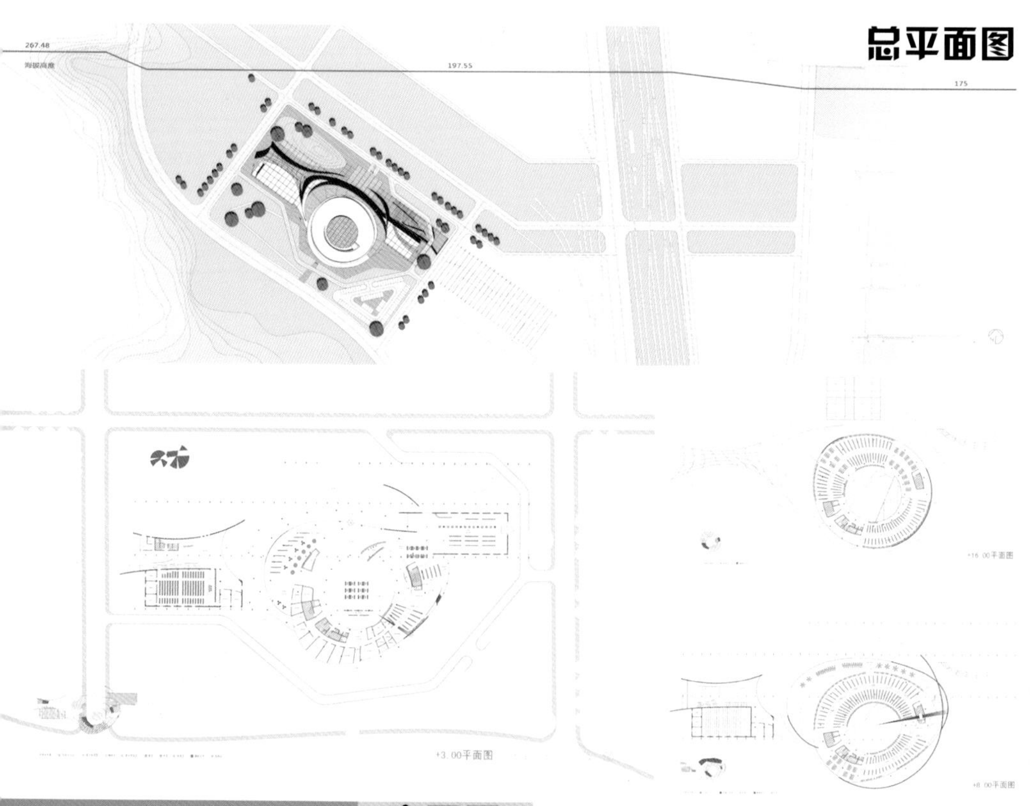

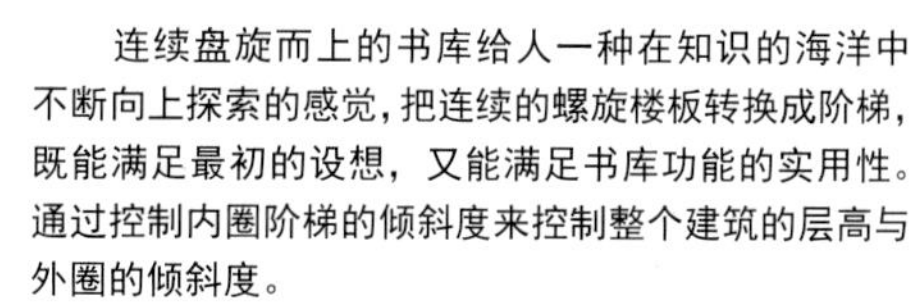

立面图

连续盘旋而上的书库给人一种在知识的海洋中不断向上探索的感觉，把连续的螺旋楼板转换成阶梯，既能满足最初的设想，又能满足书库功能的实用性。通过控制内圈阶梯的倾斜度来控制整个建筑的层高与外圈的倾斜度。

右侧是书架与阅读区的关系示意图，内圈每个台阶宽度控制在1.2m左右，书桌的布置方式是一个挨一个的，而放射到外圈的台阶宽度至少会有2.4m，可以采取背对背的书桌布置方式。平楼板面积比较多的区域可以灵活处理成集体阅览、开放式办公或者放置书架。

↑模型照片

自然地流动

重庆 · 重钢片区滨水景观概念设计

指导教师：丁　圆　吴祥燕
作　　者：程　虎
学　　校：中央美术学院建筑学院

基本背景

项目背景

城市化背景

工业时代到后工业时代

重钢变化

从乐园到废墟——期待重生

转型的新机遇——从废墟到乐园

区位因素

日照

气温

降水

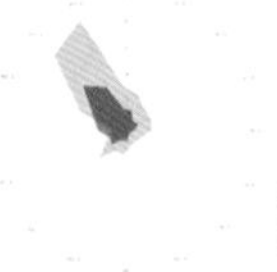
风玫瑰图

一边是以钢花路为界，与飞速发展的城市相接。
一边是以大渡河为界，与宝盖寺、蒲家湾景观绿化区相望。
产生了两种城市肌理的碰撞，更利于其本身的吸收和发展。

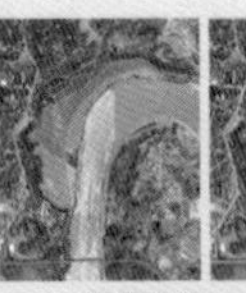
道路高差

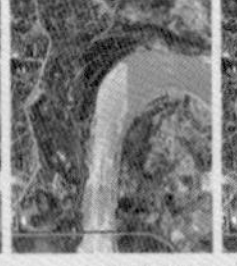
道路分析

路程分析

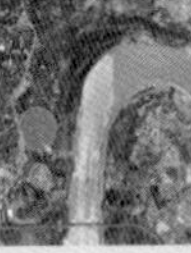
居住区分布

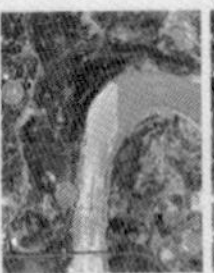
公园分布

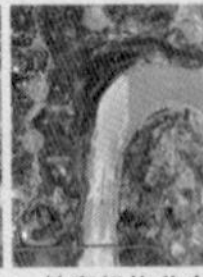
教育机构分布

绿色阶梯+自然链接

点　景观节点
- 观景台
- 集装箱商业体验区
- 亲水平台区
- 人民广场
- 绿色厂房改造建筑

自然链接
- 自行车观光体验道
- 历史锈铁长廊
- 历史纪念馆
- 滤水池

面　绿色阶梯
- 东部沿河岸绿化景观带
- 中部广场商业过渡区
- 西部大型厂房改造区

剖面 AA`

剖面 BB`

滨水木栈道

木栈道观景平台

木栈道与自行车道双道路并行

观景台

镜面立柱与工业装置形成材料对比

观景平台

集装箱商业体验区

集装箱式商业街

异形亲水

历史博物馆

根据重钢历史的曲折变迁，以折线为元素，塑造重钢历史博物馆

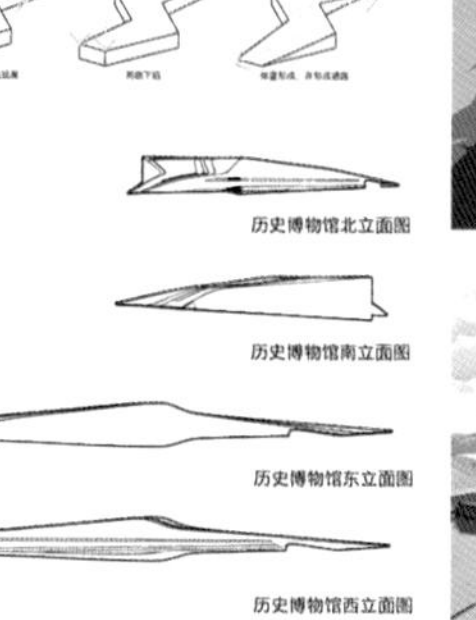

历史博物馆顶视图

历史博物馆北立面图

历史博物馆南立面图

历史博物馆东立面图

历史博物馆西立面图

历史博物馆室外效果图

广场效果图

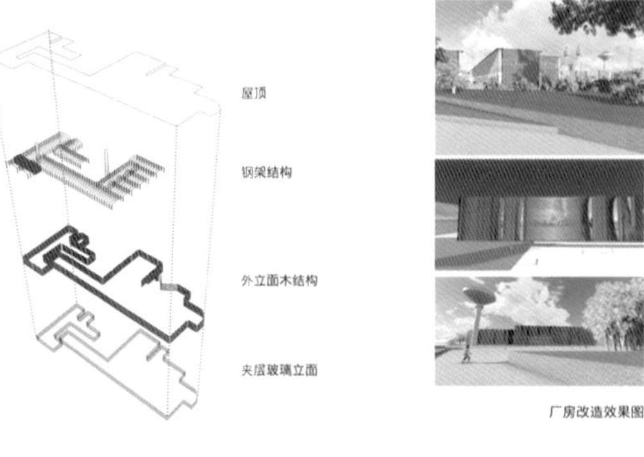

厂房改造效果图

生态净水池

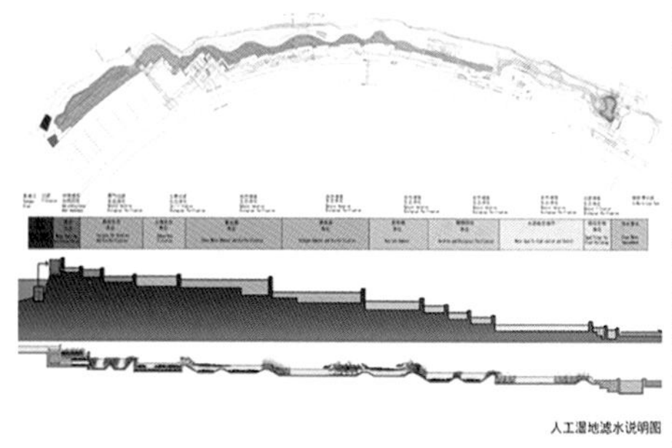

人工湿地滤水说明图

人工湿地通过叠瀑墙、梯田和引入低维护、生长期短的各类湿地植物这些自然过程的净化，改善原有不适宜的水质，形成新的优质水域，使滨水环境得到有效的改善，不仅景观植物随季节而变化交替形成丰富的景观层次，良好的水域环境也会吸引更多的野生物种，慢慢形成新的人工与自然相结合的环境。并且，这种利用自然进行污水处理的方法较之传统方法可节约更多的成本，也能更好地维持可持续的发展循环。

休息亭

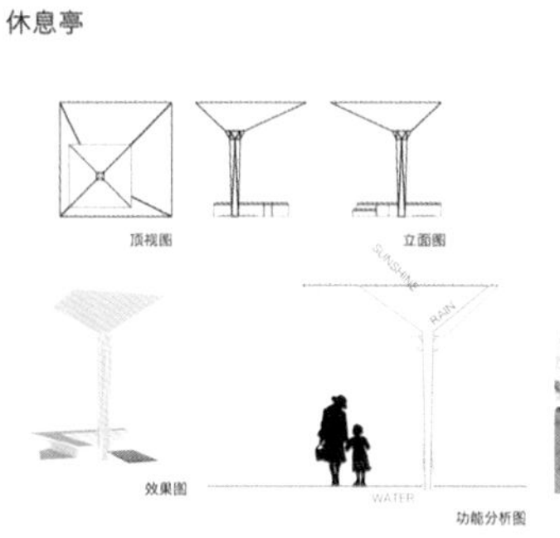

顶视图

立面图

效果图

功能分析图

休息亭效果图

厂房立面改造

木结构与钢结构交接

木结构开窗开门方式

重造

指导教师：丁　圆　吴祥艳
作　　者：焦　秦
学　　校：中央美术学院建筑学院

设计说明

整个场地以大气的曲线联通，入口分布在人流和交通便捷到达的三点。担负着整个地区清道夫的作用，植被覆盖面积很大。同时也担负着教育作用。

北部偏向于再生，南部则偏向于遗迹风格。以一条Z形的游路进行贯穿，游路上点缀以演示、环保教育等功能。

场地地形由三个集水湖和周边建设产生的废弃土壤堆积而成，便于这些受到过去工厂污染的土壤集中处理。不必过多地从它处置换土壤，不会给其他地区带来新的生态压力，也可以减少施工运输过程的碳排放。

场地内有大量利用工厂原有建筑和废弃物改装的装置、设施和大地艺术，将工业文明以一种新的手法进行诠释。

元初想法

工厂是人为对于自然的强制介入。工厂已经消失了，我希望这片土地能够回归它原本的样貌。同时工厂又是人们在此生活过的证明，我不希望这种记忆被完全地抹去。“重造”就是对此的阐述。

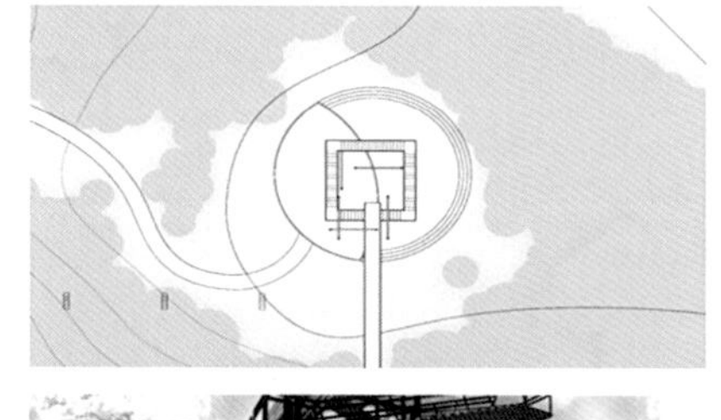

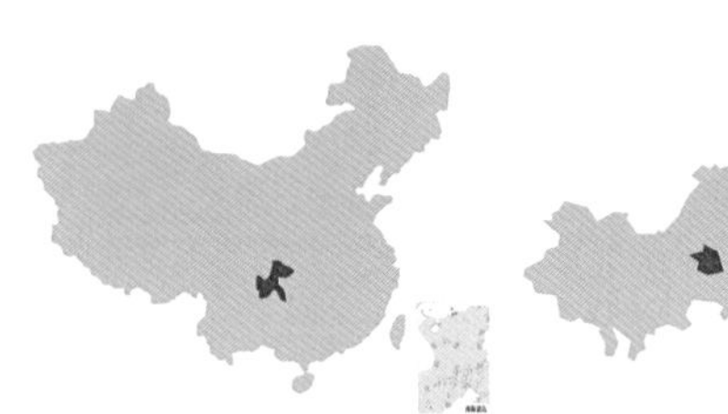

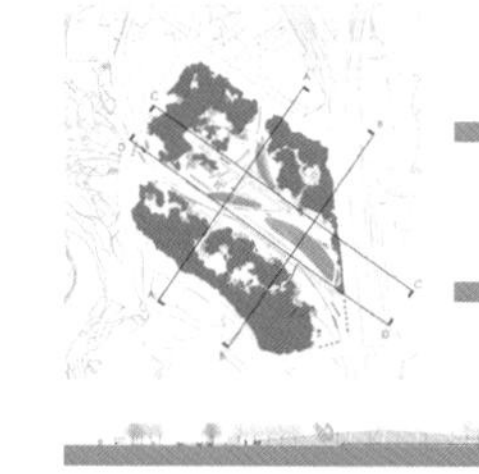

A-A 剖面图

B-B 剖面图

C-C 剖面图

D-D 剖面图

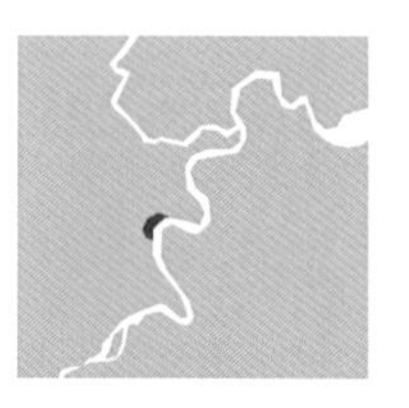

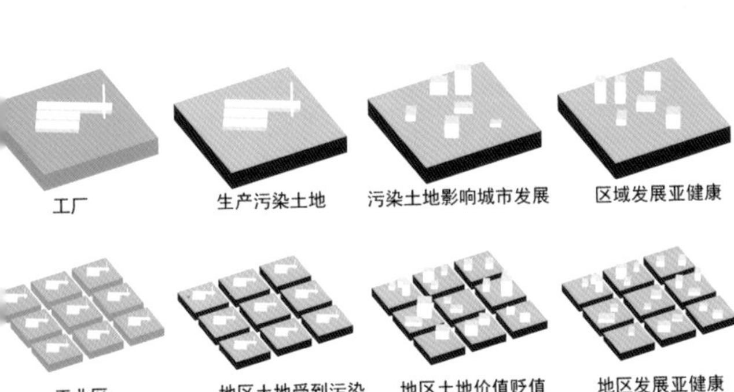

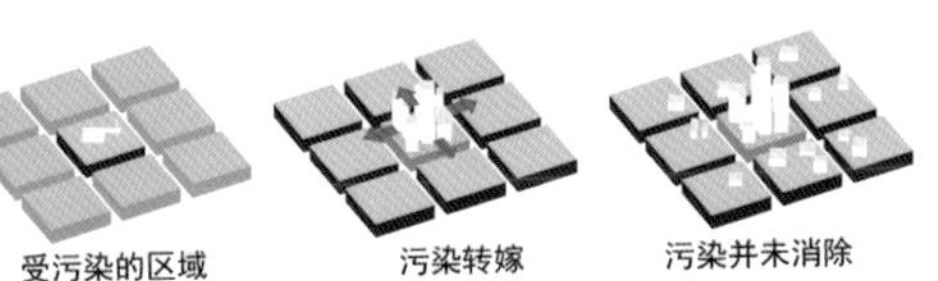

工业区产生的大面积污染土地对于城市往后的发展有着不利的影响。土地的污染会长期影响到人们的健康。人们不愿在这样的土地上发展。因此这片土地在未来会一直处于亚健康的发展状态。这显然是大家所不愿看到的。

通常对于问题的解决办法是将受污染的土壤进行置换，用新的健康的土壤进行替换。但是这种简单粗暴的办法只是在回避问题，它将污染转嫁给了边远地区。并且在置换过程中会消耗大量的能源和产生相当多的碳排放。

如果在待开发的受污染地区中，以一定密度镶嵌土壤的集中处理区。将建设产生的多余土壤集中进行处理，利用生物手段恢复土壤的健康，在一段时间后，整个地区就能脱离污染状态，处理区也会自然形成城市绿洲，为周边地区服务。

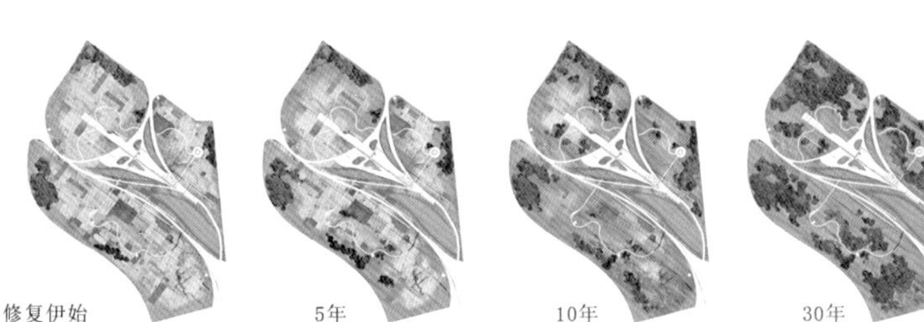

在受污染土壤上种植特殊的吸收植物。利用特殊植物的吸收作用将土壤中的污染物排出。最快 5 年，大多数重金属指标即可达到正常水平，经历 20 ～ 30 年过程，土壤即可完全恢复。

将一些地区的土壤挖去，铺上隔水材料，形成集水湖泊。

挖去的土壤可以覆盖在工厂的地基上。这些混凝土地基可以起到防止污水下渗的作用。在土堆上种植吸收植物以排除污染物。

这种方式正是我设计中地形的主要构造方式。

雨水流过受污染的土地，自身也会受到污染，地表的径流会直接污染长江，下渗的雨水则会威胁地下水。利用开挖的浅湖收集径流的雨水，利用水生湿生的植物处理这些雨水。

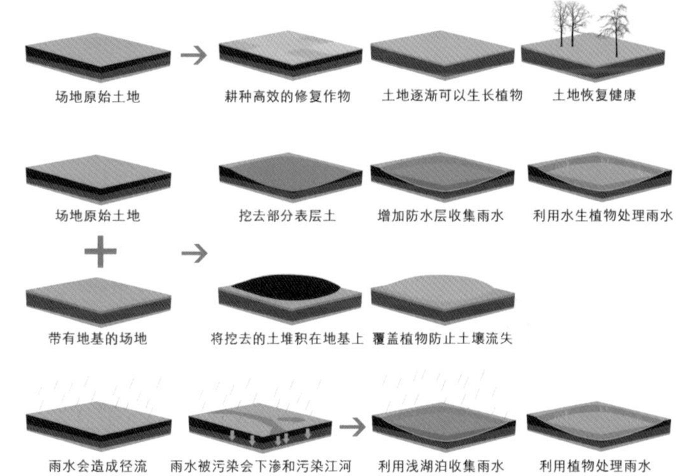

透过处理雨水、植物修复的手段，场地的生态将会随着时间而逐渐好转，呈现生机。这不是一个短暂的过程，当然，透过基因改良的作物修复，这一过程不会显得过于漫长。甚至 5 年之内就能得到可见的成效。

效果展示

事件性临时聚居空间设计

指导教师：傅 祎 韩 涛 韩文强
作 者：崔敬宜
院 校：中央美术学院

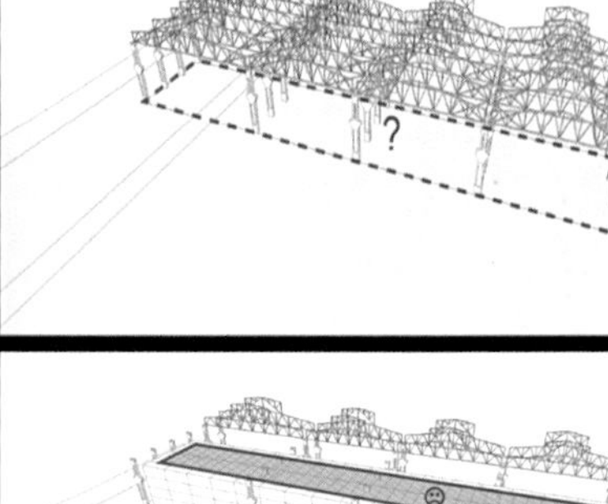

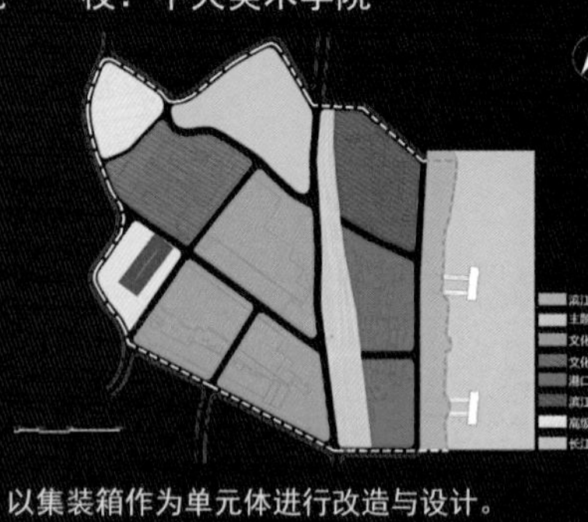

重钢工业园区作为一个综合性的文化产业园区，极具活力与生命力。落成之后，必定会吸引众多活动在此举行，如音乐节、狂欢节等。而届时，园区内会短时间迅速聚集许多人来参加活动。通常情况下，酒店宾馆没有能力来承载如此众多的游客，所以人们会选择帐篷或房车之类的居住方式。但基于重钢这个特定的文化产业园区，我希望设计一种新的居住模式，不但可以更有效地解决居住问题，还可以使活动举办得更有特色，使人们玩得更加投入、更加开心。

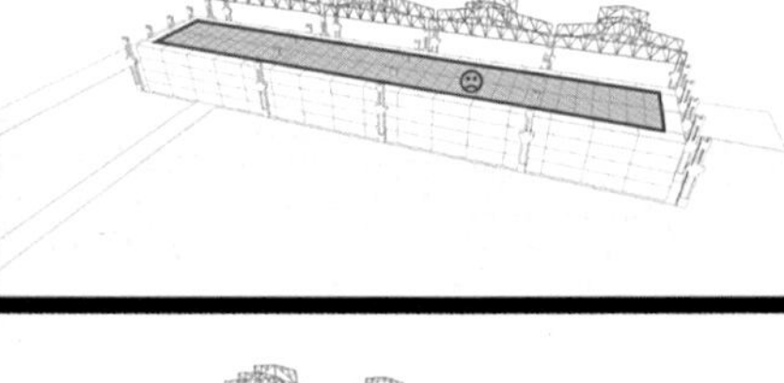

以集装箱作为单元体进行改造与设计。

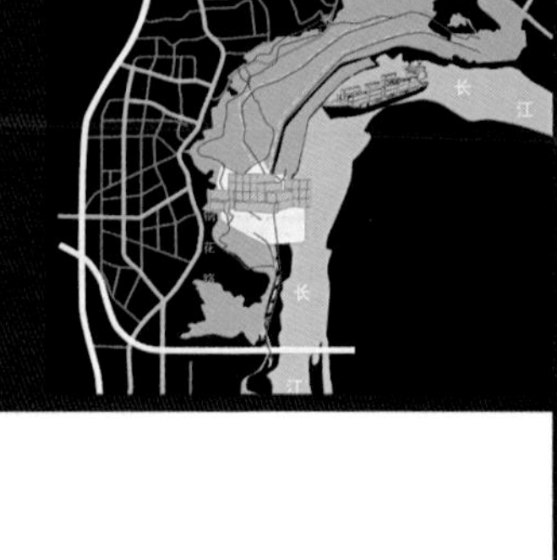

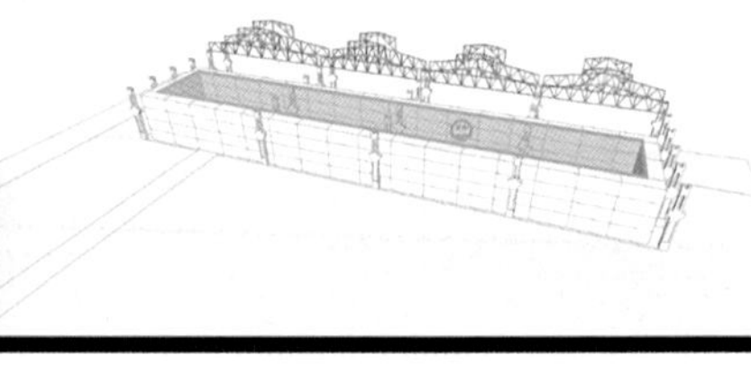

重钢位于长江沿岸，运输方便，可快速到达施工地点。

集装箱自身材料全部为钢质组成，坚固耐用且有很好的抗震性和抗压性。

集装箱在性能上具有良好的密封性和严格的制造工艺。

集装箱建筑拆装方便，稳定牢固，重量较轻。可在短时间内搭建完成。

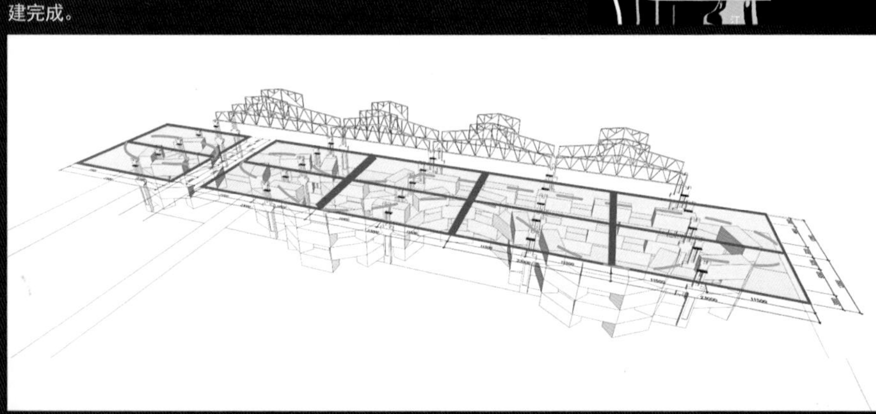

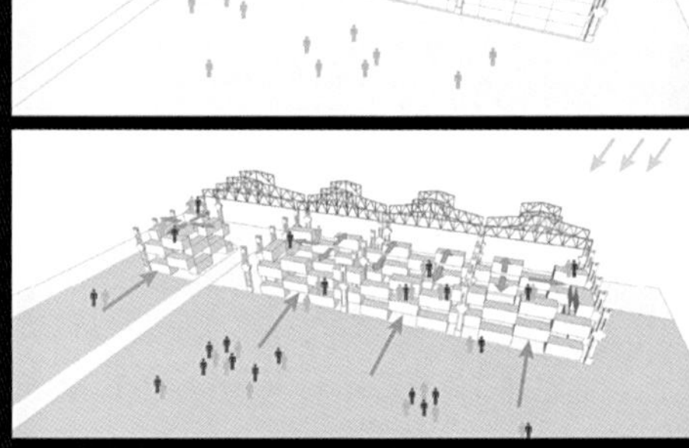

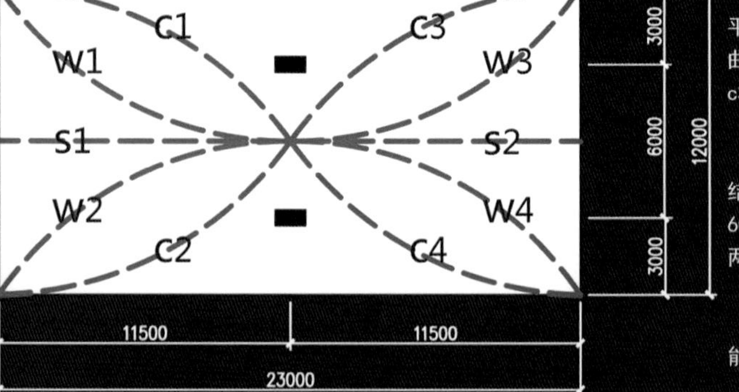

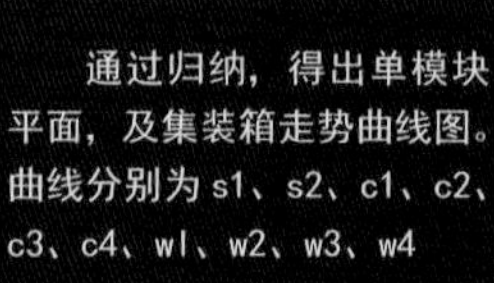

通过归纳，得出单模块平面，及集装箱走势曲线图。曲线分别为s1、s2、c1、c2、c3、c4、wl、w2、w3、w4

将每种走势进行归类总结，并加上2500×2500×6000和2500×2500×12000两种集装箱模数，制作图表G。

表中囊括所有变化的可能性。

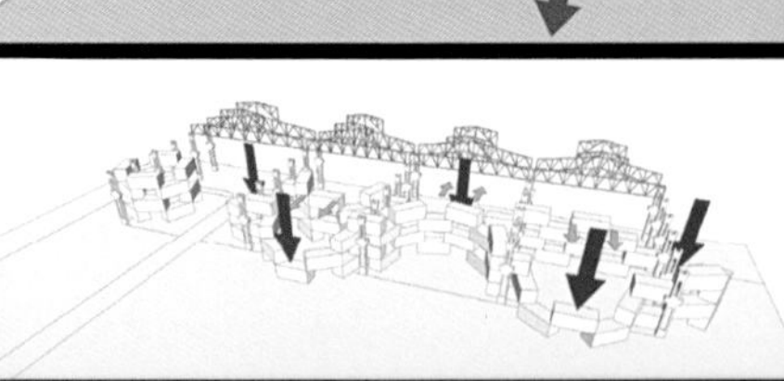

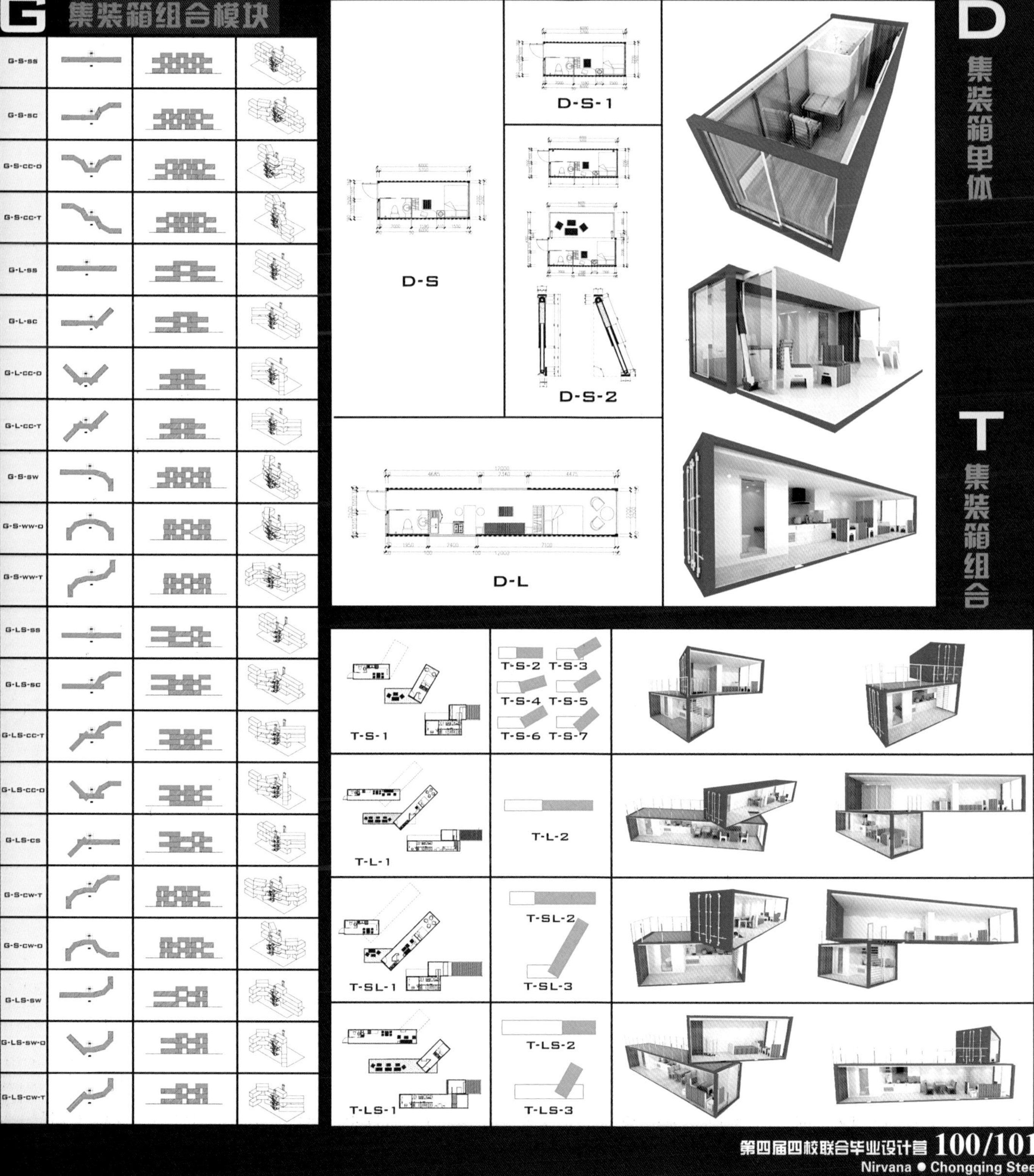
G 集装箱组合模块
G-S-ss
G-S-sc
G-S-cc-o
G-S-cc-T
G-L-ss
G-L-sc
G-L-cc-o
G-L-cc-T
G-S-sw
G-S-ww-o
G-S-ww-T
G-LS-ss
G-LS-sc
G-LS-cc-T
G-LS-cc-o
G-LS-cs
G-S-cw-T
G-S-cw-o
G-LS-sw
G-LS-sw-o
G-LS-cw-T
D-S-1
D-S
D-S-2
D-L
D 集装箱单体
T 集装箱组合
T-S-1
T-S-2 T-S-3
T-S-4 T-S-5
T-S-6 T-S-7
T-L-1
T-L-2
T-SL-1
T-SL-2
T-SL-3
T-LS-1
T-LS-2
T-LS-3

重钢森林

指导教师：傅 祎 韩 涛 韩文强
作 者：禄 龙
学 校：中央美术学院建筑学院

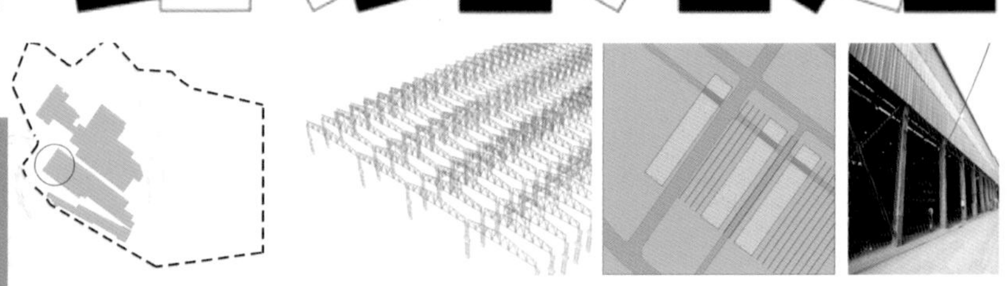

>>设计说明

一、项目背景

项目基地位于中国重庆，重庆钢铁厂旧址。新的城市规划将这里定位改造为一个集公共活动、旅游、文创产业、经济、居住社区等为一体的综合城市空间。课题中本案选取"重钢"旧址中的大型轧钢厂为改造对象，意将钢厂的部分空间改造为一个集居住和公共活动为一体的开放式居住体。

项目选择厂房局部，根据拟定上位规划进行改造，基地周边规划为新的绿地空间。设计中对原有厂房下的结构进行处理，结合周边环境，利用部分原有结构进行再设计，从而形成新的空间。

二、设计意向

在方案规划过程中，关注住宅集合体中公共空间与私人空间的关系。对人与人之间、人与空间之间、空间与空间之间、自然因素与人文因素之间的关系进行探讨，意在将以上几种关系在同一个构筑物里进行溶解以及组合，从而得到新的答案。

三、空间改造手法

通过对基地及周边地理环境的分析理解，利用"对比"及"渗透"的手法对空间进行新的定义。对比：新与旧的对比，重钢旧厂房与新的居住环境的对比；上与下的对比，在设计中对新的空间进行重组，将周围的公园引入建筑底层，同时考虑重庆本身潮湿的自然居住条件，将居住空间抬高至二层以上的空间，从而形成空间层次上下的对比；材质对比，在新的居住空间中，整体材质以轻薄的玻璃与木材为主，与原来的钢铁及工业化产品形成对比。

空间渗透：建筑空间与公共空间的相互渗透；通过天井大道上下层空间的渗透；玻璃材质的外立面给人们带来视线上的渗透。文化渗透：新的建筑形态产生，源于对当地建筑的理解及尊重。首先建筑上层空间保留原有厂房的剖面关系，以起伏的坡屋顶为边界对空间进行界定；其次上下层空间的产生会形成新的柱网关系，新的柱网关系借鉴与重庆吊脚楼的柱网进行整理以及改进。

四、新的居住空间

在上层空间中分布着 14 个新的居住单元体以及公共空间。

公共空间为 14 家住户共同所有，人们可以在这里工作、休闲、交流、创作展览等一系列活动。

底层的公共空间对外开放，与周围的景观公园紧密相连，使得周围群众与居住体产生互动。

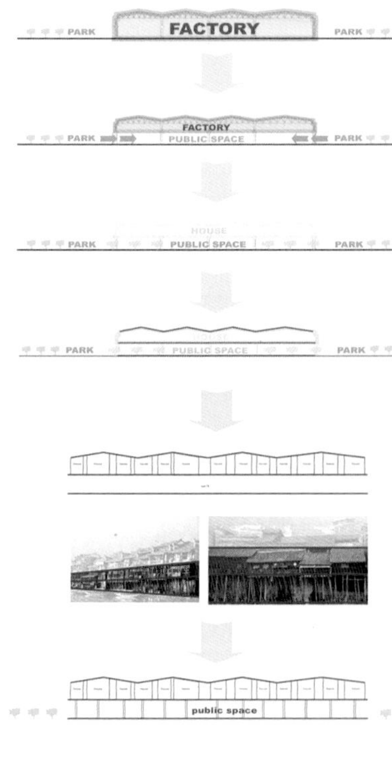

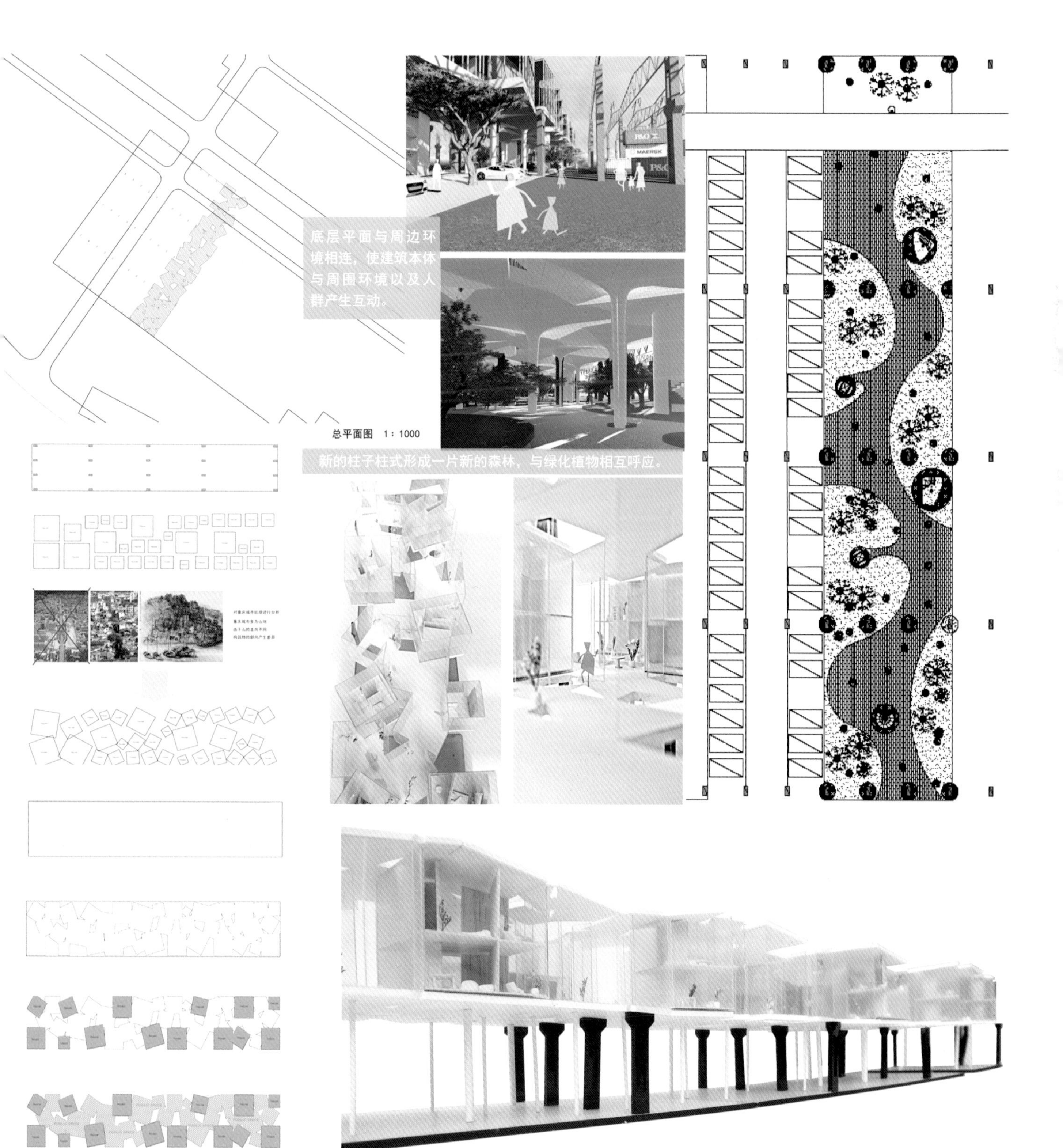
底层平面与周边环境相连，使建筑本体与周围环境以及人群产生互动。
总平面图 1：1000
新的柱子柱式形成一片新的森林，与绿化植物相互呼应。
MAERSK

重钢片区改造——表演艺术活动中心设计

指导教师：虞大鹏　苏　勇　何　崴
作　　者：牛志宇
学　　校：中央美术学院建筑学院

>>设计说明

在城市产业转型的大背景之下，曾经的重钢工业旧厂区，保护其历史文化价值并且可持续发展是目前面临的主要问题。重钢片区城市设计及建筑设计是对城市社会空间与城市文化空间重构进行的初步探讨。根据基地现状，部分地保留了基地中相对比较完整的三个厂房结构作为空间原型，研究内部空间与外部空间、外部空间与城市空间，以及它们的边界与交融。重新诠释工厂与城市关系的现实性，将新的认知转化为现存造型的重组。新的形体成为新现实的原型。在其中，所有的事物重组、溶解后重回原点。

基地分析

规划后道路与基地位置

规划道路与原有基地建筑

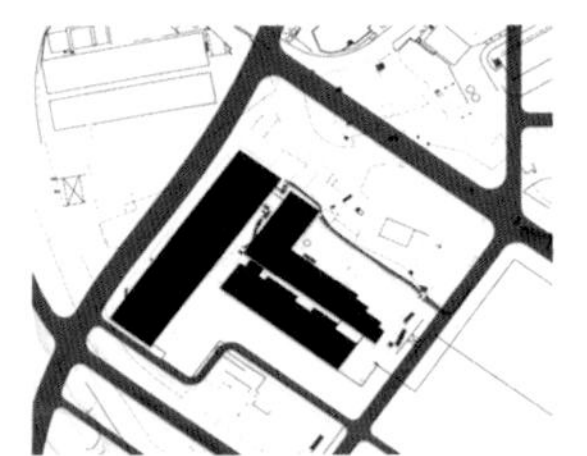

基地保留建筑

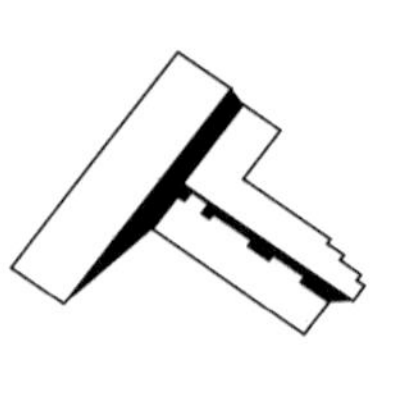

缝隙连接工厂外部空间

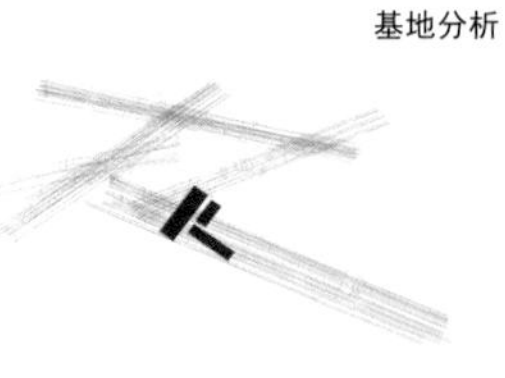

基地周边线性关系

>>概念推演

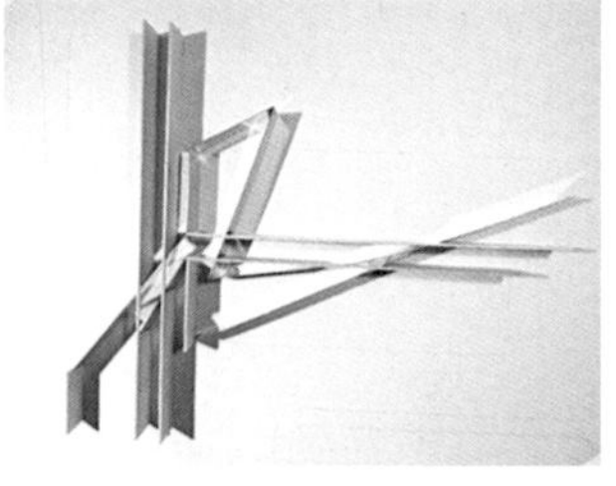

经济技术指标
基地面积：27878m²
总建筑面积：18210m²
建筑占地面积：6093m²
容积率：0.63
绿化率：46%

效果图

总平面图

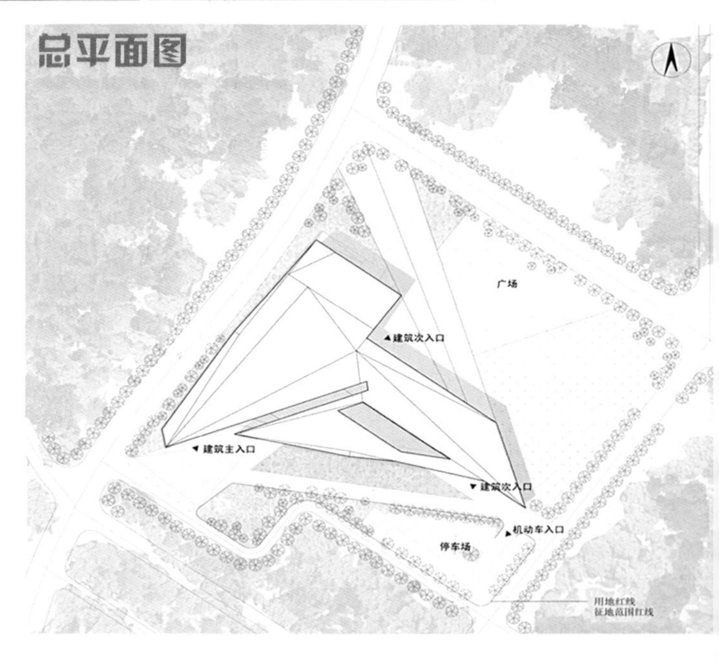

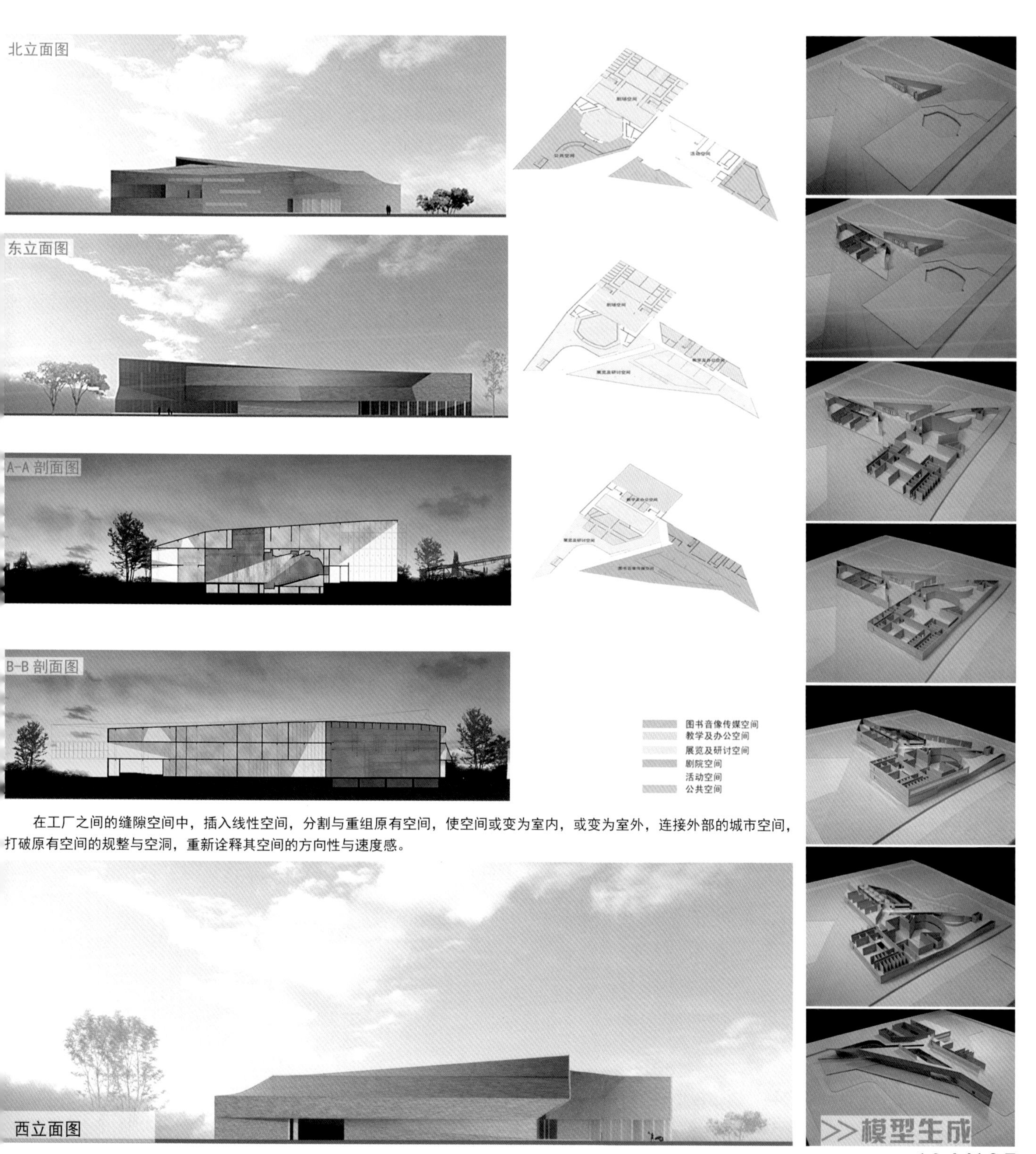

在工厂之间的缝隙空间中，插入线性空间，分割与重组原有空间，使空间或变为室内，或变为室外，连接外部的城市空间，打破原有空间的规整与空洞，重新诠释其空间的方向性与速度感。

"域"重钢片区改造——美术馆设计

指导教师：虞大鹏　何　崴　苏　勇
作　　者：张立涛
学　　校：中央美术学院建筑学院

>>设计说明

对于空间形式的探索一直是我非常感兴趣的话题，我一直认为空间是建筑的本质，材料、形式都应该是为空间而服务的或者说是空间的外在表现和实现方式。本次课题就是由最原始、最简单的空间模型出发，提取其中的空间属性，进行延展设计，从而形成一个自成系统的空间类型研究。

>>概念推演

我的设计开始于一个单体空间模型，在这个模型中，空间属性是独一无二的。模型的开口一侧不断延伸，至无限大、无限亮，另一侧则是无限小、无限暗，人处于这种空间变化中所得到的空间体验是我本次课题最为关注的。所以从这个单体模型中我得到，人在空间中的行走路径以及行走的同时带来的空间体验对我尤为重要。同时空间属性的划分不仅有实体墙来决定，也有光线和明暗的介入。

空间原型推演

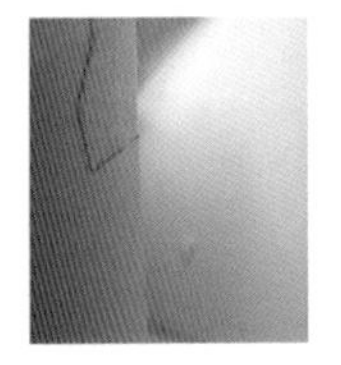

空间类型推演

这个空间模型想要探索和表达的是，人处于一个空间中，其视线与行走路径的选择是多样的，站在某一个位置，人可以强烈地感受到光线对于空间的干扰，以及明暗与空间尺度的配合下带给人丰富的空间体验。例如，有些空间尺度很大很亮，有些空间很小很亮，有些空间很大很暗，有些空间很小很暗，有些空间尺度小到人不可进入，但是人依然可以感受到这个空间的存在。人在空间中行走的过程就是对空间属性定义的过程。

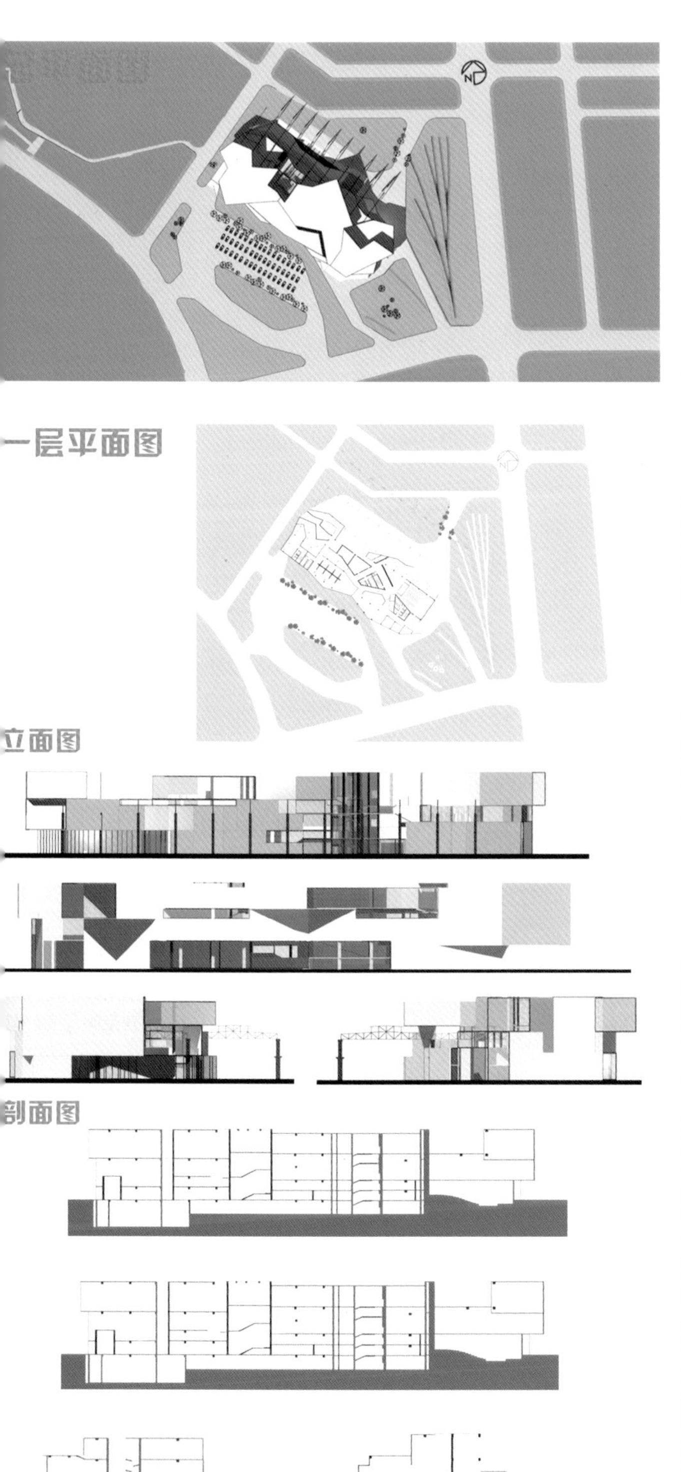

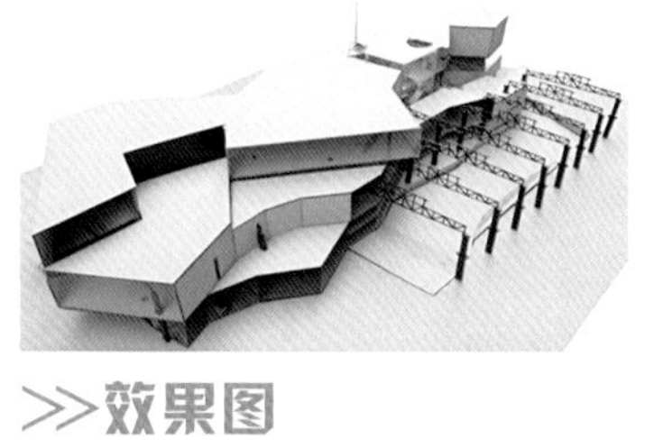

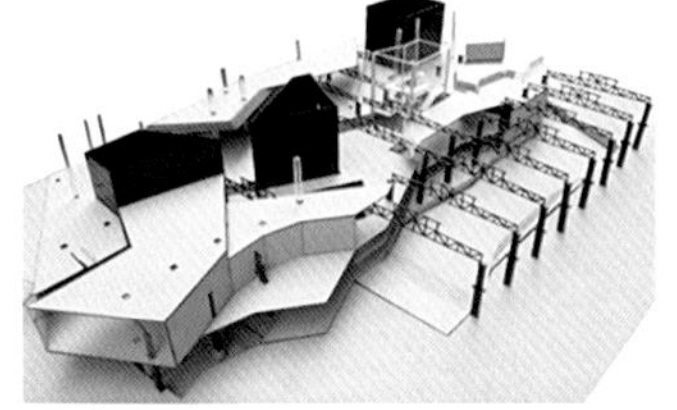

>>效果图

重钢片区改造
——工业博物馆设计

指导教师：虞大鹏　苏　勇　何　崴
作　　者：周轩宇
学　　校：中央美术学院建筑学院

>>设计说明

整个设计包括两个部分，一是尊重原有建筑生命，在保留基础上进行空间改造；二是弘扬新型工业文明精神，在旧厂房的基础上“生长”出新的展览空间。博物馆的基地位于规划后的东北角黄色区域空地。这块空地西临表演艺术活动中心，东临改造而成的防护绿地，南临规划形成的商业区。

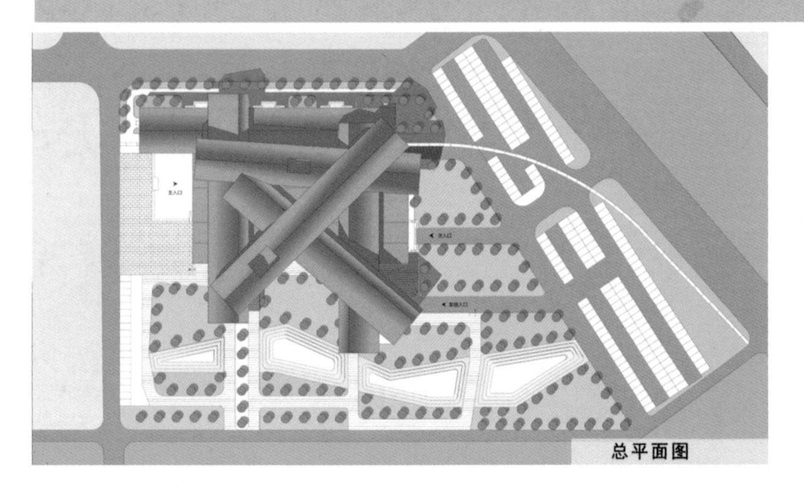

总平面图

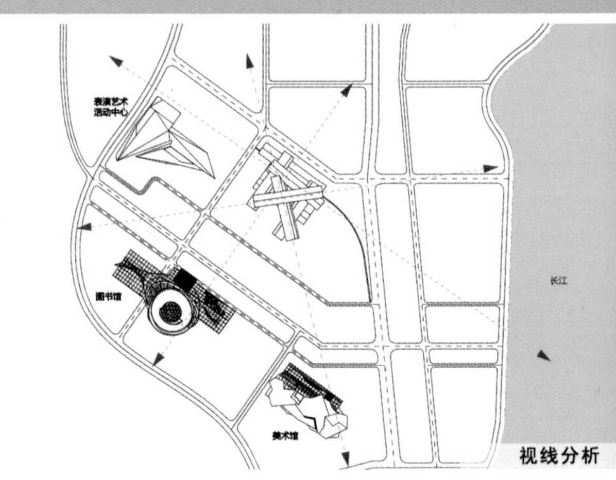

视线分析

>>概念推演

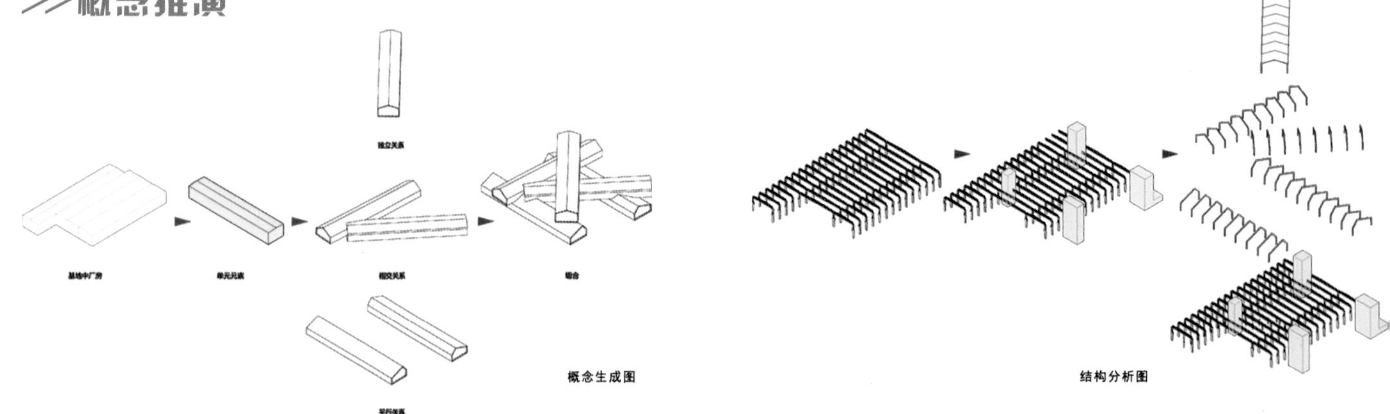

概念生成图

结构分析图

>>后期成果

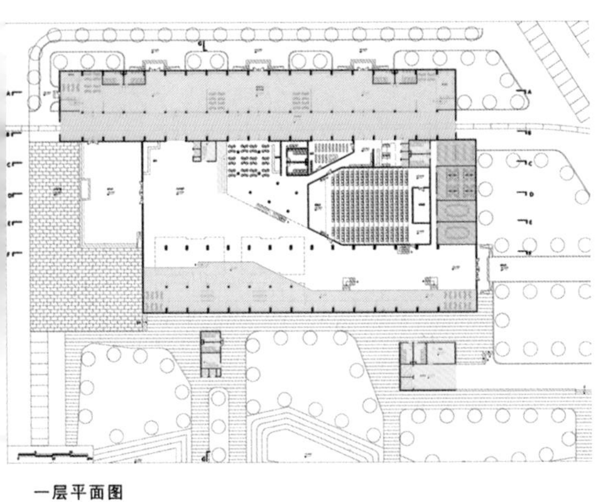

一层平面图

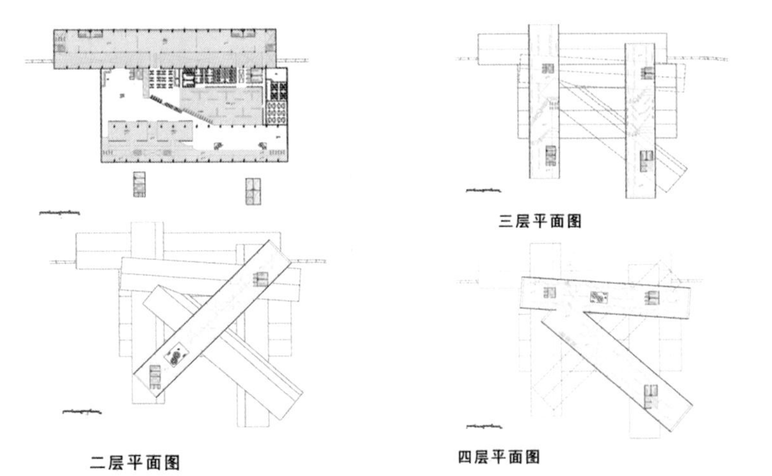

二层平面图

三层平面图

四层平面图

剖面图

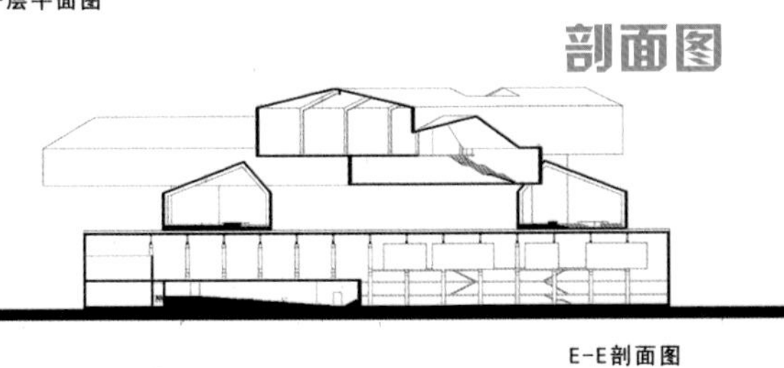

E-E剖面图

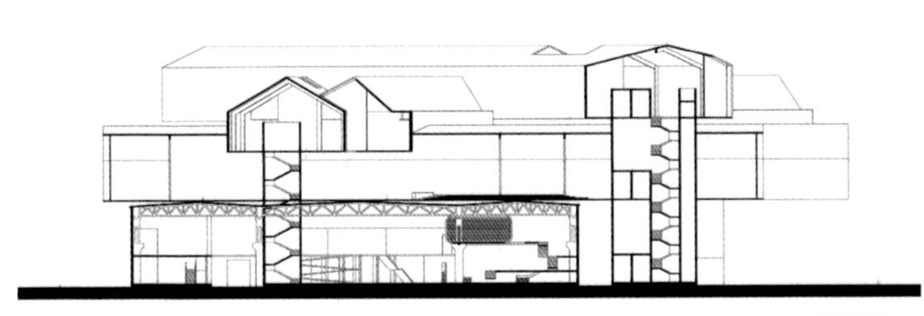

G-G剖面图

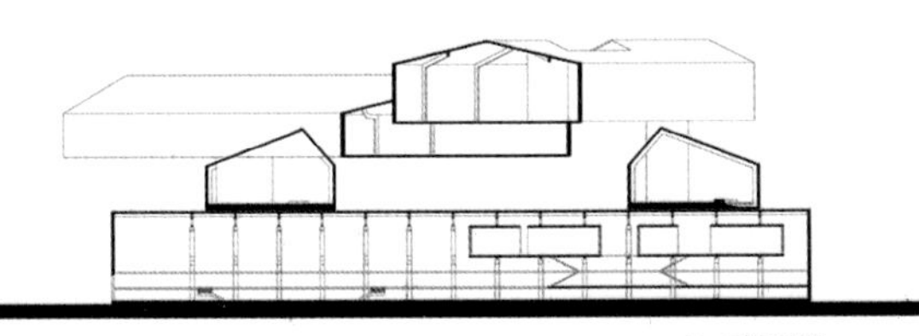

F-F剖面图

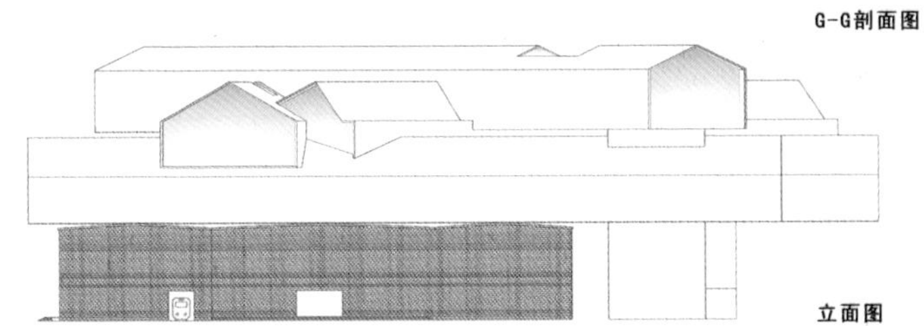

立面图

效果图

为了能有个新鲜的明天

指导教师：丁　圆　吴祥艳
作　　者：邹腾飞
学　　校：中央美术学院建筑学院

>>设计说明

设计出发点是想把一块自然环境很好但有污染、有坡度的滨水场地改造成适合人居住的环境。由一个居住区向外延伸了几块服务的区域，居住区的南面是一块种植田，种植田在前几年可栽种改良土壤的植物，当土壤达到种植标准的时候就可作为一个种植田，居住区的北面是一个体育、医疗、教育用地，满足了居住区人运动与受教育等一些基本需求。再北一块是一个重钢主题公园，这里有植物与原工业遗迹最好的结合，重钢是这块地方的肌理，应该被这个城市以及这里的人记得而且让他们能够有勾起怀念的地方。居住区右侧是两块景观观景休闲平台，集装箱穿插于框型结构中，内部不同空间给人提供了不同的活动可能性，有商业、观景、休憩等。临江是一片带有坡度的滨水景观区，临江有一条滨水栈道，拉近了人与水的距离。居住区内部主要是硬质活动场地，北侧是一块有高差的软质活动场地，建筑自身的设计保留了原有建筑的柱子与桁架，分为上、下两层，低层是改良土壤的植物，二层是集装箱组合的生活空间，支撑二层的是嵌有透明钢化玻璃的钢架结构，一层的植物可以得到阳光，正常生长。建筑物外侧是木格栅，藤蔓植物把木格栅与顶部桁架联系起来形成一个整体，作为建筑的整体外壳，而且随着四季的变化建筑外壳给人以不同的感受。场地中存在高差问题，通过“之”形道路、台阶、坡道等几种形式解决。设计中植物扮演了特别多的角色，在气候适宜的重庆，希望有生机活力的植物能带给人更多的美好心情。

>>设计概念

复杂忙碌地活了一天，我们每个人都拖着疲惫不堪的心灵躺在床上，我们甚至不愿意入睡，我们害怕着忙忙碌碌的明天。身为设计者的我改变不了这个亢奋的时代，我所能做的仅仅是能用设计去缓解人内心的惶恐与不安，为我们的每个明天都去做点什么。我希望我的每个明天都是新鲜的，有新鲜的各种颜色，各种味道，各种感受。在气候适宜的重庆这是可以实现的，一年四季各种植物最高效率地展示着自己，我们所需要做的就是被感动，被调整着我们的心情。在一个时时处处充满了不同被感动的生活状态下活着，这就是我愿意它到来的每一个明天。

>>细节图设计

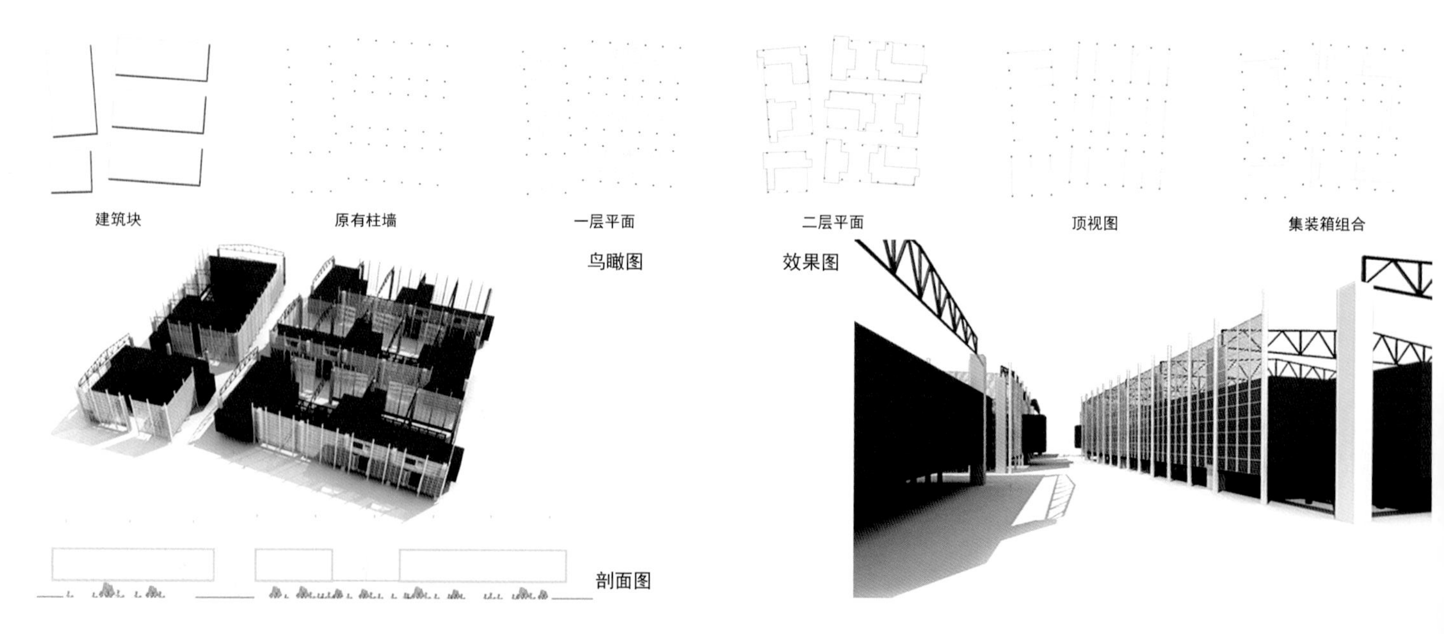

细节图设计　　学校

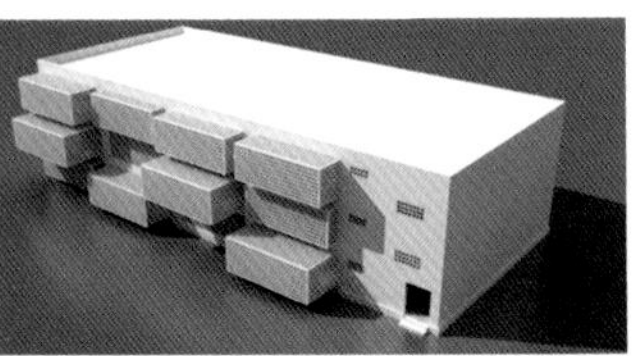

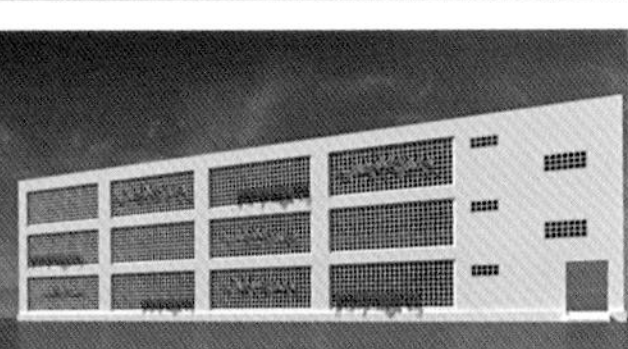

细节图设计　　滨水商业休闲观景平台

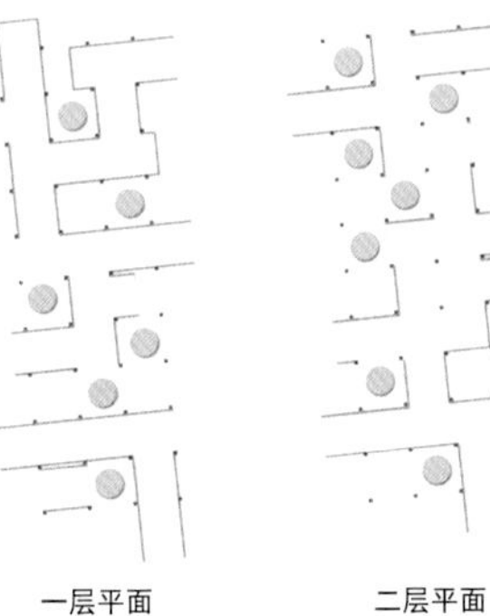

一层平面

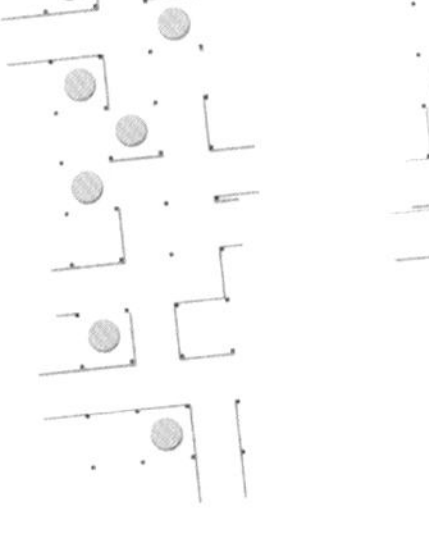

二层平面

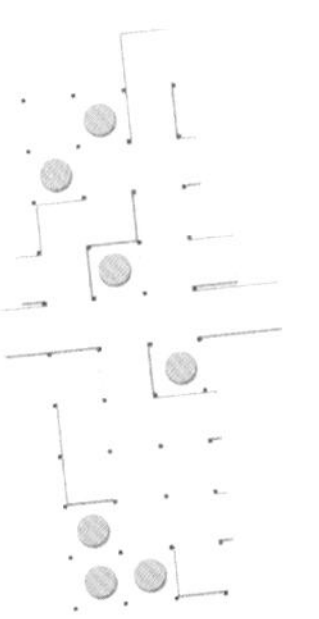

三层平面

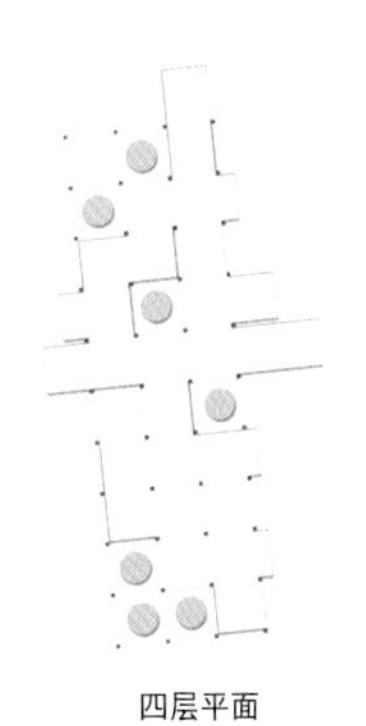

四层平面

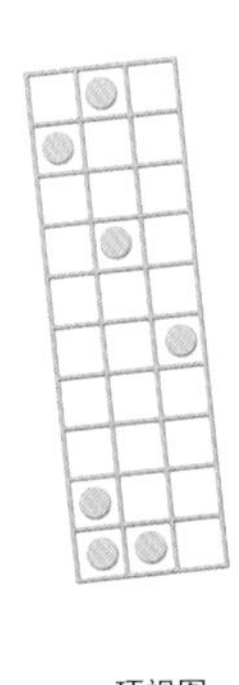

顶视图

>>后期成果

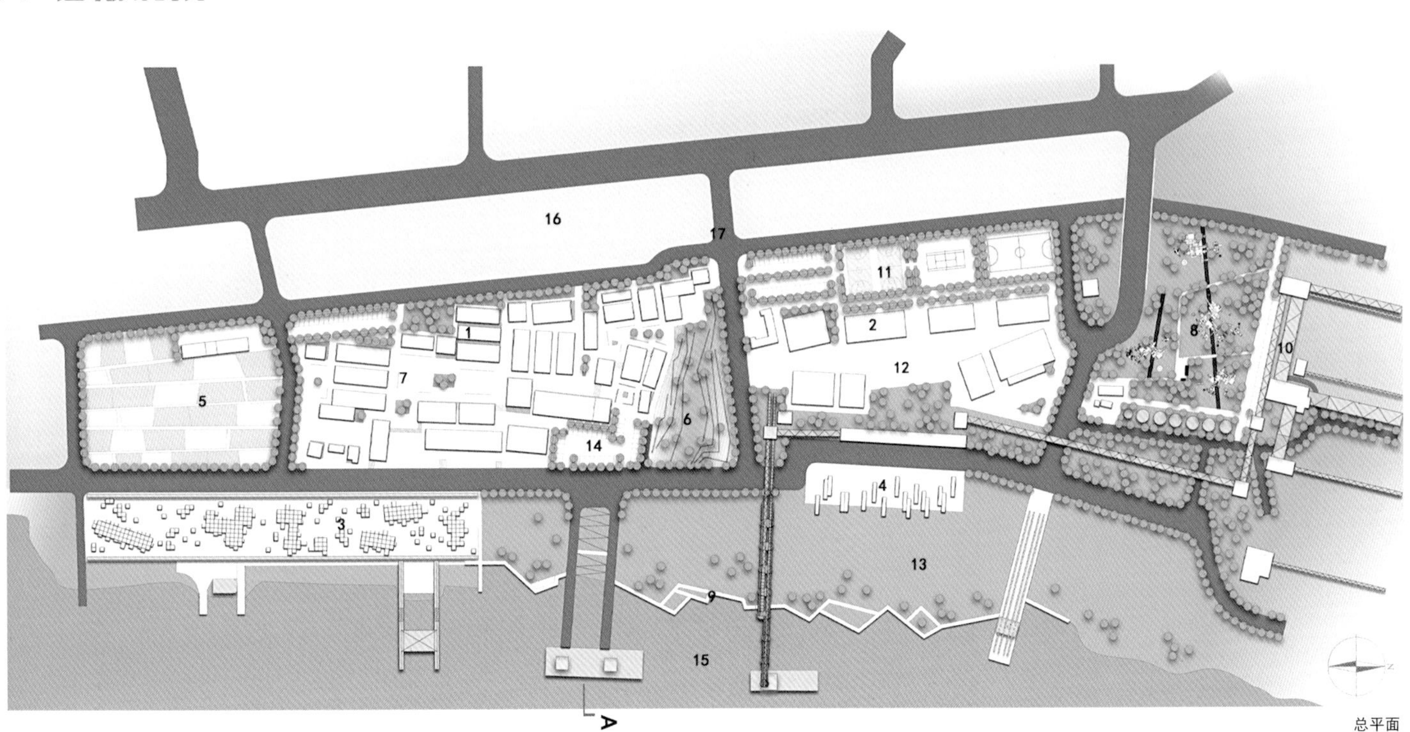

总平面

1—住宅；2—学校；3—滨水商业休闲观景平台；4—滨水休闲观景平台；5—种植田；6—居住区软质景观活动场地；7—居住区硬质活动场地；8—主题公园；9—滨水驳岸；10—构筑物；11—运动场；12—服务区活动空间；13—滨水绿地；14—停车场；15—水面；16—原有铁路；17—道路

A-A`剖面图

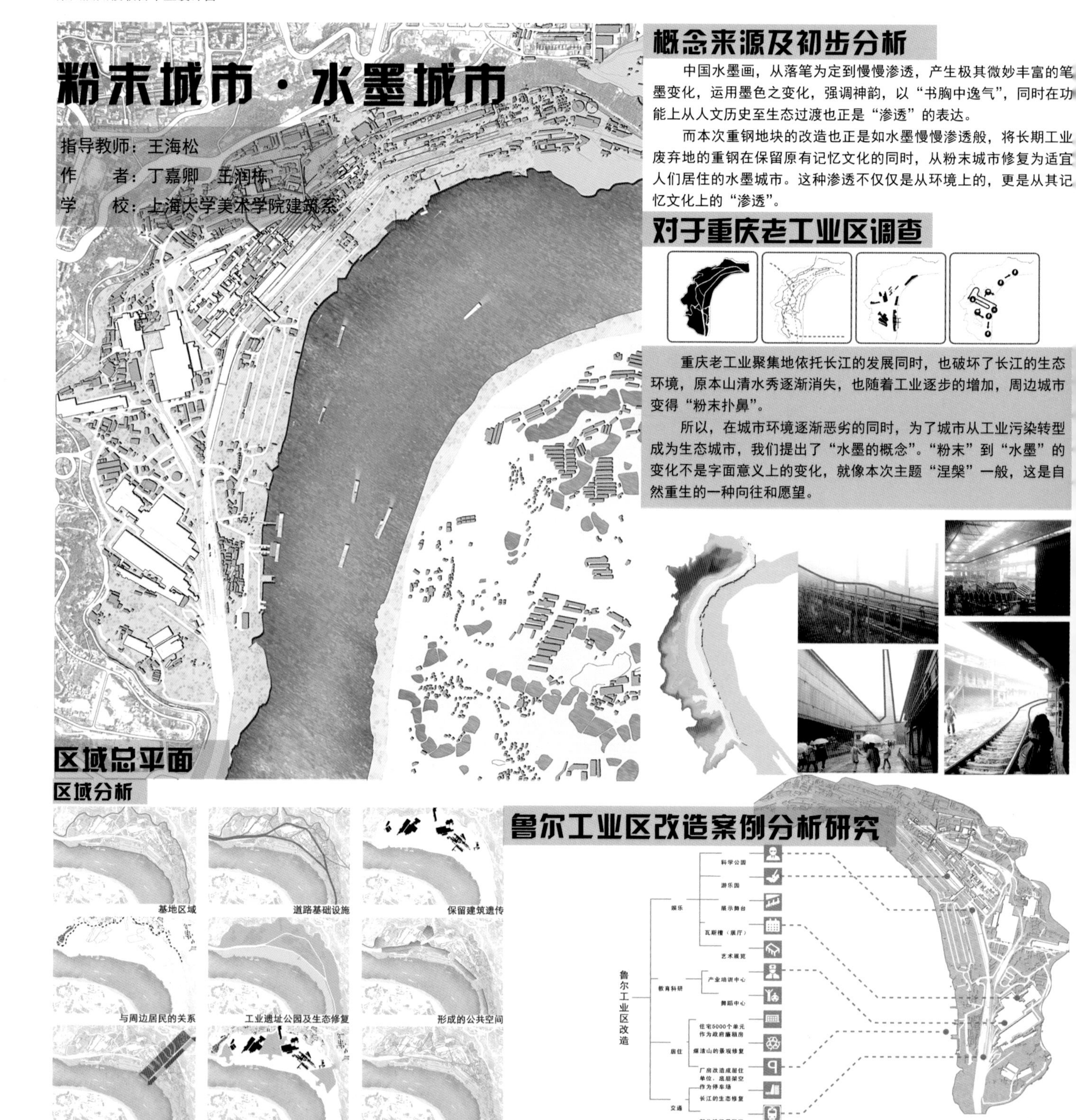
粉末城市 · 水墨城市
指导教师：王海松
作　　者：丁嘉卿　王润栋
学　　校：上海大学美术学院建筑系
概念来源及初步分析
中国水墨画，从落笔为定到慢慢渗透，产生极其微妙丰富的笔墨变化，运用墨色之变化，强调神韵，以“书胸中逸气”，同时在功能上从人文历史至生态过渡也正是“渗透”的表达。
而本次重钢地块的改造也正是如水墨慢慢渗透般，将长期工业废弃地的重钢在保留原有记忆文化的同时，从粉末城市修复为适宜人们居住的水墨城市。这种渗透不仅仅是从环境上的，更是从其记忆文化上的“渗透”。
对于重庆老工业区调查
重庆老工业聚集地依托长江的发展同时，也破坏了长江的生态环境，原本山清水秀逐渐消失，也随着工业逐步的增加，周边城市变得“粉末扑鼻”。
所以，在城市环境逐渐恶劣的同时，为了城市从工业污染转型成为生态城市，我们提出了“水墨的概念”。“粉末”到“水墨”的变化不是字面意义上的变化，就像本次主题“涅槃”一般，这是自然重生的一种向往和愿望。
区域总平面
区域分析
基地区域
道路基础设施
保留建筑遗传
与周边居民的关系
工业遗址公园及生态修复
形成的公共空间
公共基础设施
公共信息平台
区域城市框架
鲁尔工业区改造案例分析研究
鲁尔工业区改造
娱乐
科学公园
游乐园
展示舞台
瓦斯槽（展厅）
艺术展览
教育科研
产业培训中心
舞蹈中心
居住
住宅5000个单元作为政府廉租房
煤渣山的景观修复
厂房改造成居住单位，底层架空作为停车场
交通
长江的生态修复
部分铁路保留记忆

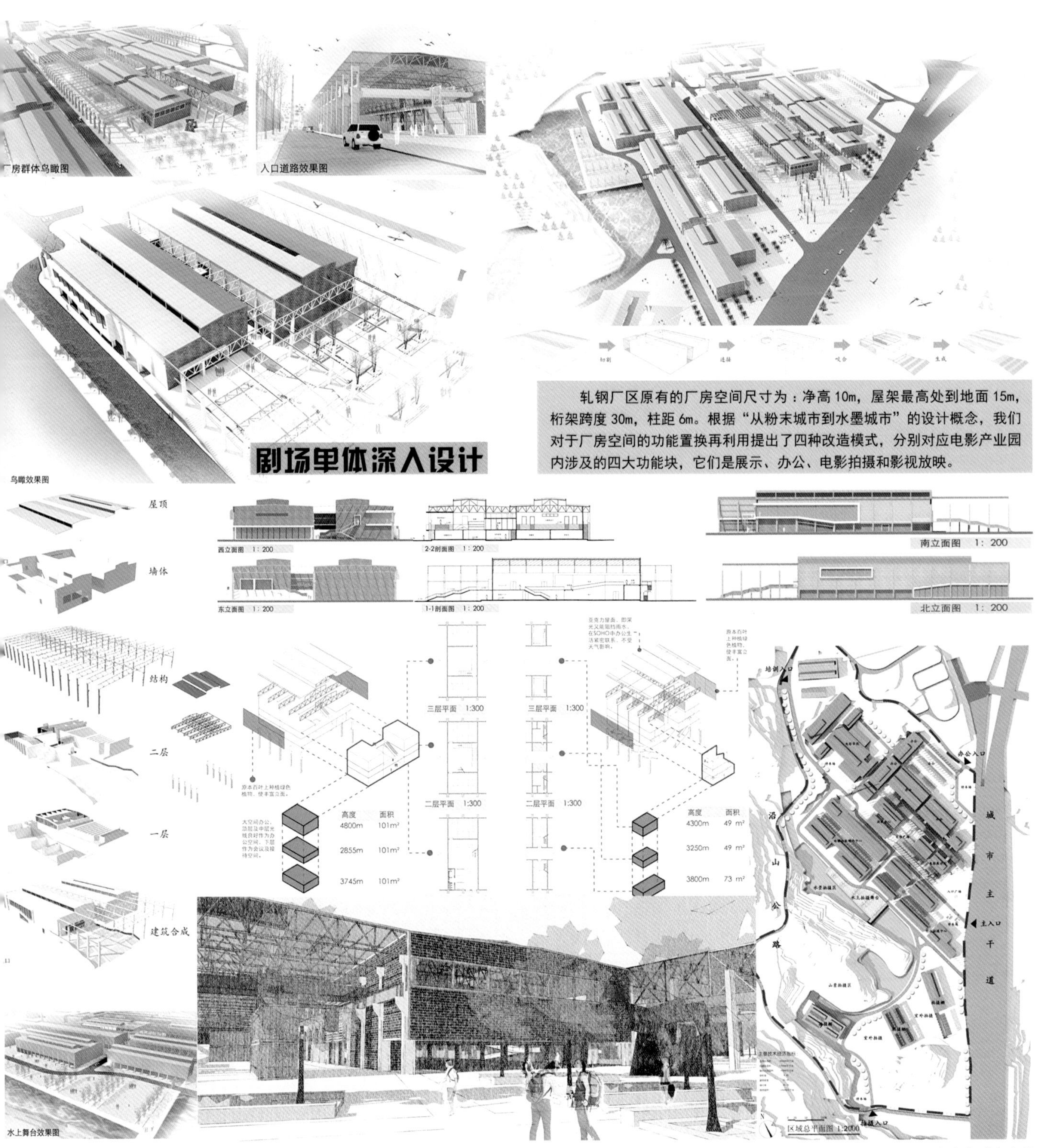

厂房群体鸟瞰图
入口道路效果图
鸟瞰效果图
剧场单体深入设计
轧钢厂区原有的厂房空间尺寸为：净高 10m，屋架最高处到地面 15m，桁架跨度 30m，柱距 6m。根据“从粉末城市到水墨城市”的设计概念，我们对于厂房空间的功能置换再利用提出了四种改造模式，分别对应电影产业园内涉及的四大功能块，它们是展示、办公、电影拍摄和影视放映。
屋顶
墙体
结构
二层
一层
建筑合成
西立面图 1：200
2-2剖面图 1：200
东立面图 1：200
1-1剖面图 1：200
南立面图 1：200
北立面图 1：200
三层平面 1:300
二层平面 1:300
高度
面积
4800m 101m²
2855m 101m²
3745m 101m²
4300m 49 m²
3250m 49 m²
3800m 73 m²
办公入口
主入口
沿山公路
城市主干道
区域总平面图 1:2000
水上舞台效果图

指导教师：王海松
作　　者：左蕙敏　丁铭铭
学　　校：上海大学美术学院建筑系

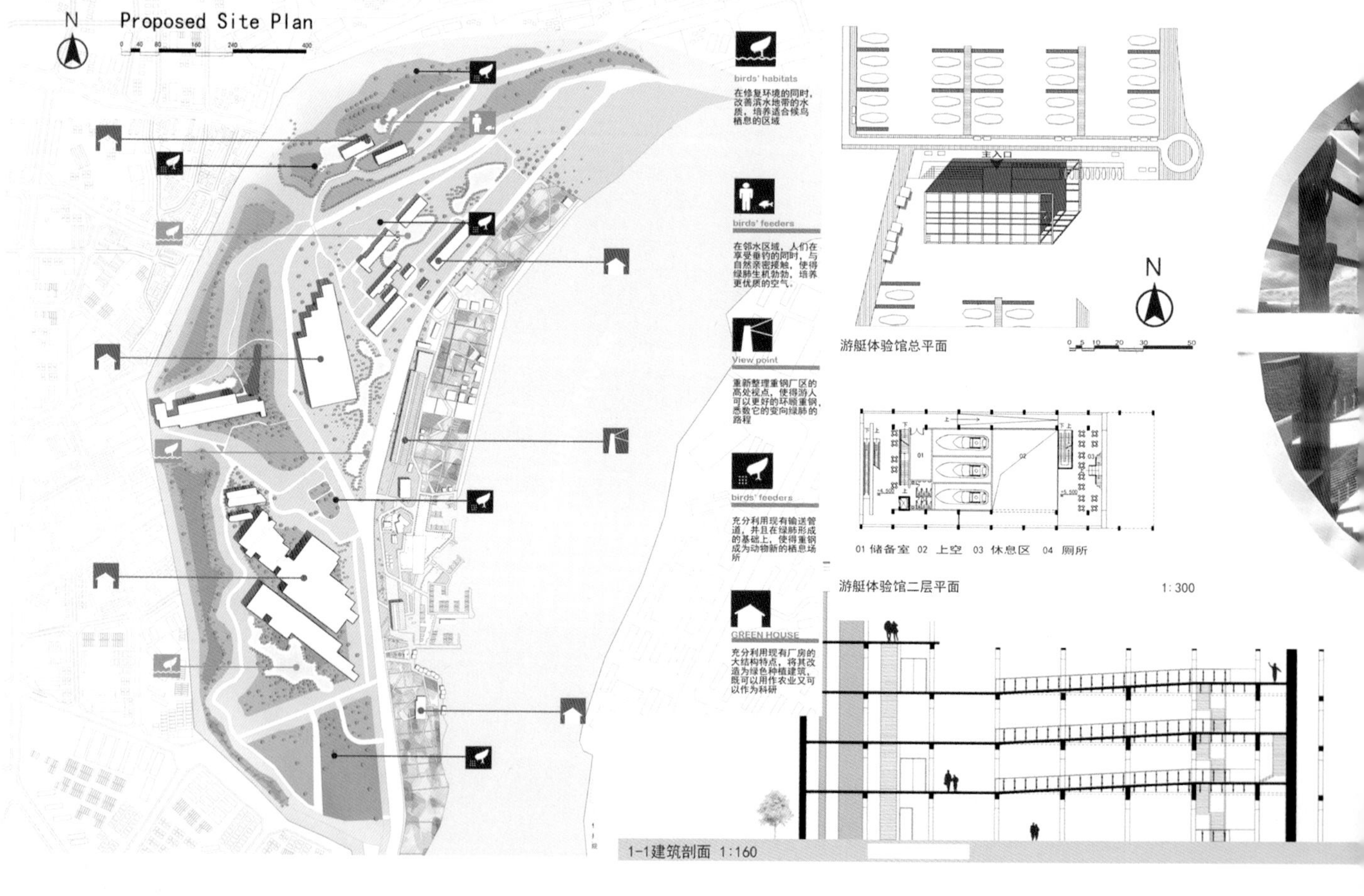

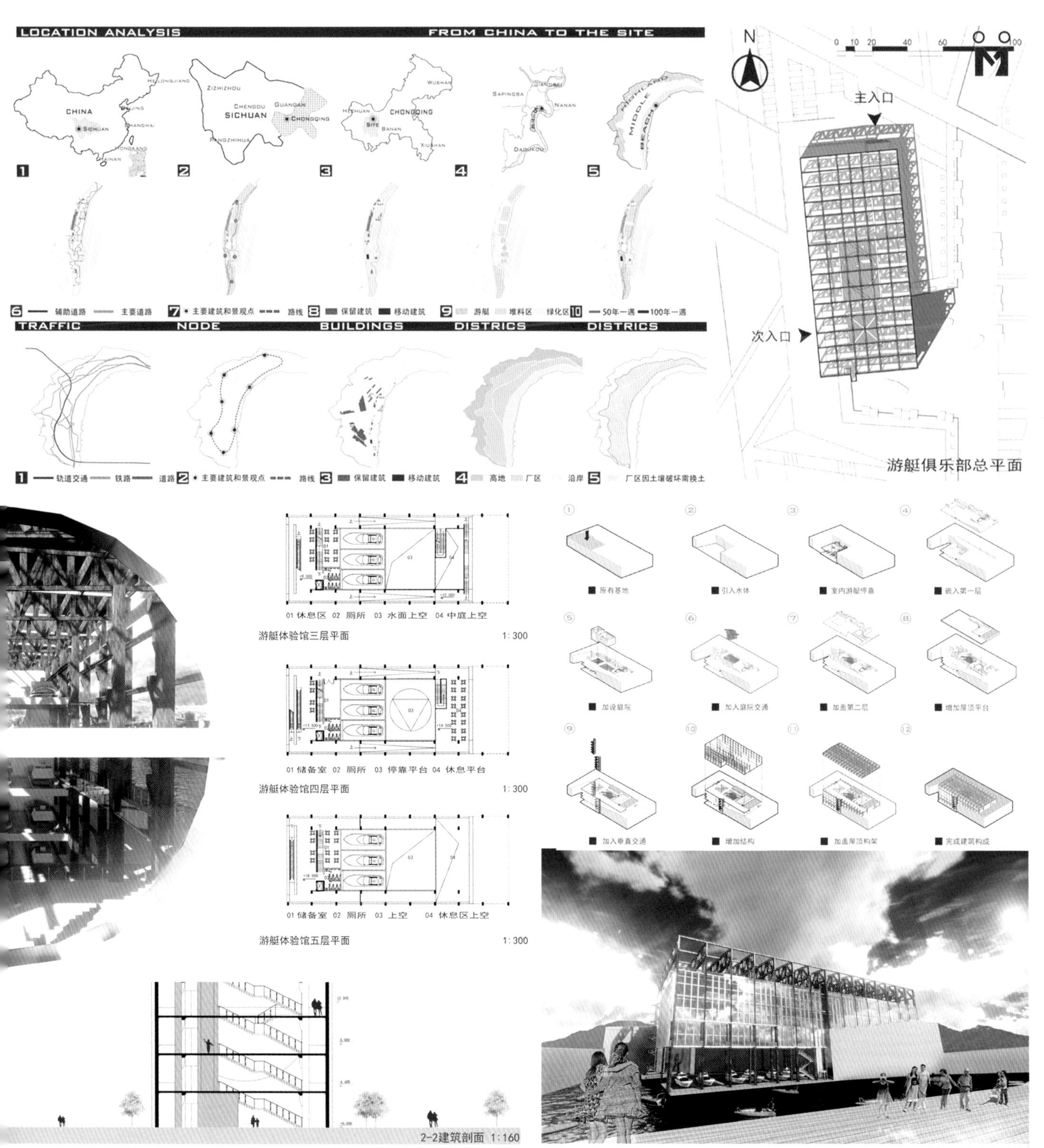

LOCATION ANALYSIS
FROM CHINA TO THE SITE
CHINA
SICHUAN
HEILONGJIANG
BEIJING
SHANGHAI
HONGKANG
HAINAN
ZIZHIZHOU
CHENGDU
GUANGAN
CHONGQING
PANGZHIHUA
HECHUAN
SITE
BANAN
WUSHAN
XIUSHAN
SAPINGBA
JIANGBEI
NANAN
DADUKOU
HIGHLAND
MIDDLE
BEACH
1
2
3
4
5
6 辅助道路 主要道路
7 主要建筑和景观点 路线
8 保留建筑 移动建筑
9 游艇 堆料区 绿化区
10 50年一遇 100年一遇
TRAFFIC
NODE
BUILDINGS
DISTRICS
DISTRICS
1 轨道交通 铁路 道路
2 主要建筑和景观点 路线
3 保留建筑 移动建筑
4 高地 厂区 沿岸
5 厂区因土壤破坏需换土
N
0 10 20 40 60 100
主入口
次入口
游艇俱乐部总平面
01 休息区 02 厕所 03 水面上空 04 中庭上空
游艇体验馆三层平面 1:300
01 储备室 02 厕所 03 停靠平台 04 休息平台
游艇体验馆四层平面 1:300
01 储备室 02 厕所 03 上空 04 休息区上空
游艇体验馆五层平面 1:300
原有基地
引入水体
室内游艇停靠
嵌入第一层
加设庭院
加入庭院交通
加盖第二层
增加屋顶平台
加入垂直交通
增加结构
加盖屋顶构架
完成建筑构成
2-2建筑剖面 1:160

体验式博物馆·重钢广场 “山”线短驳

指导教师：王海松
作　　者：沈爽之　吴　昊
学　　校：上海大学美术学院建筑系

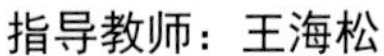

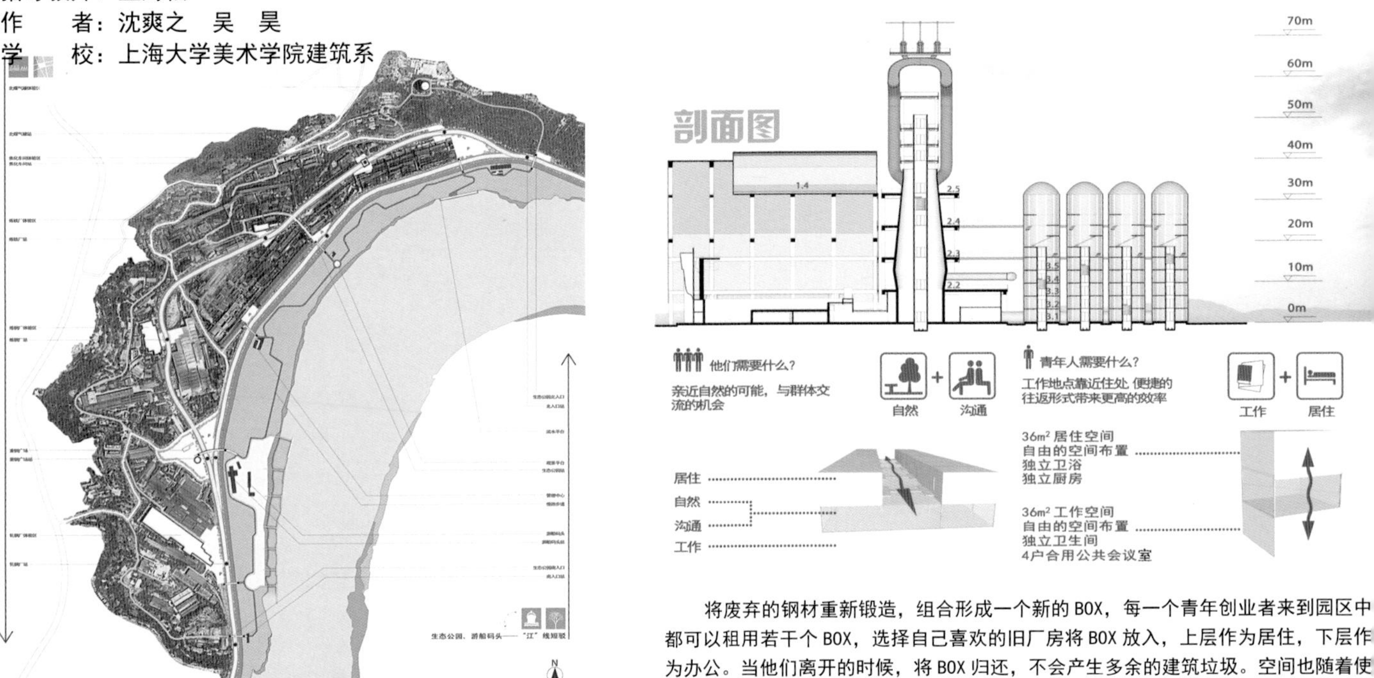

将废弃的钢材重新锻造，组合形成一个新的BOX，每一个青年创业者来到园区中都可以租用若干个BOX，选择自己喜欢的旧厂房将BOX放入，上层作为居住，下层作为办公。当他们离开的时候，将BOX归还，不会产生多余的建筑垃圾。空间也随着使用人数而灵动。

二层平面图 1：200
三层平面图 1：200
一层平面图 1：200
(1)
(2)
(3)
(4)
(5)
(6)

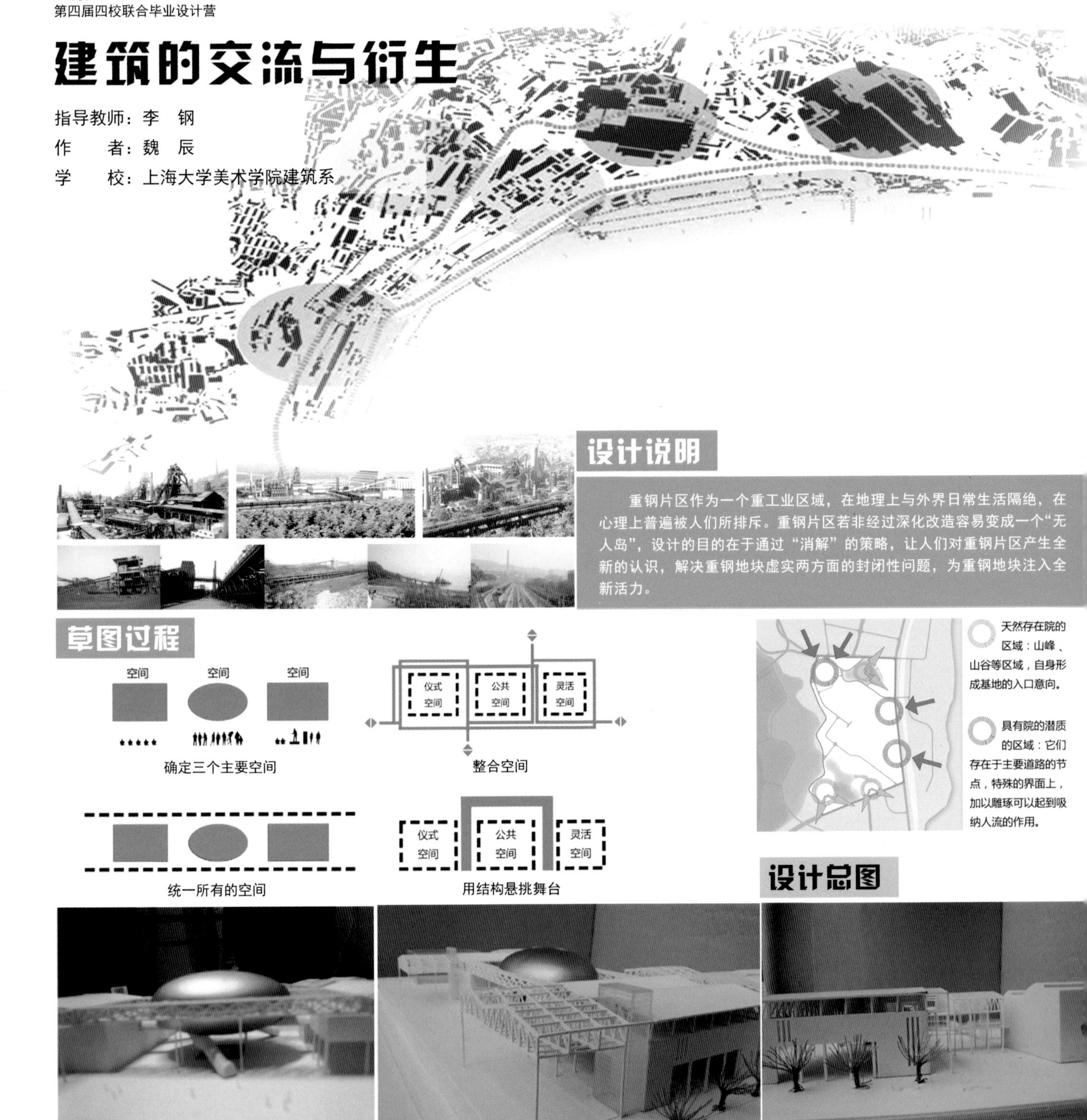
建筑的交流与衍生
指导教师：李　钢
作　　者：魏　辰
学　　校：上海大学美术学院建筑系
设计说明
重钢片区作为一个重工业区域，在地理上与外界日常生活隔绝，在心理上普遍被人们所排斥。重钢片区若非经过深化改造容易变成一个“无人岛”，设计的目的在于通过“消解”的策略，让人们对重钢片区产生全新的认识，解决重钢地块虚实两方面的封闭性问题，为重钢地块注入全新活力。
草图过程
空间
空间
空间
确定三个主要空间
仪式空间
公共空间
灵活空间
整合空间
统一所有的空间
仪式空间
公共空间
灵活空间
用结构悬挑舞台
天然存在院的区域：山峰、山谷等区域，自身形成基地的入口意向。
具有院的潜质的区域：它们存在于主要道路的节点，特殊的界面上，加以雕琢可以起到吸纳人流的作用。
设计总图

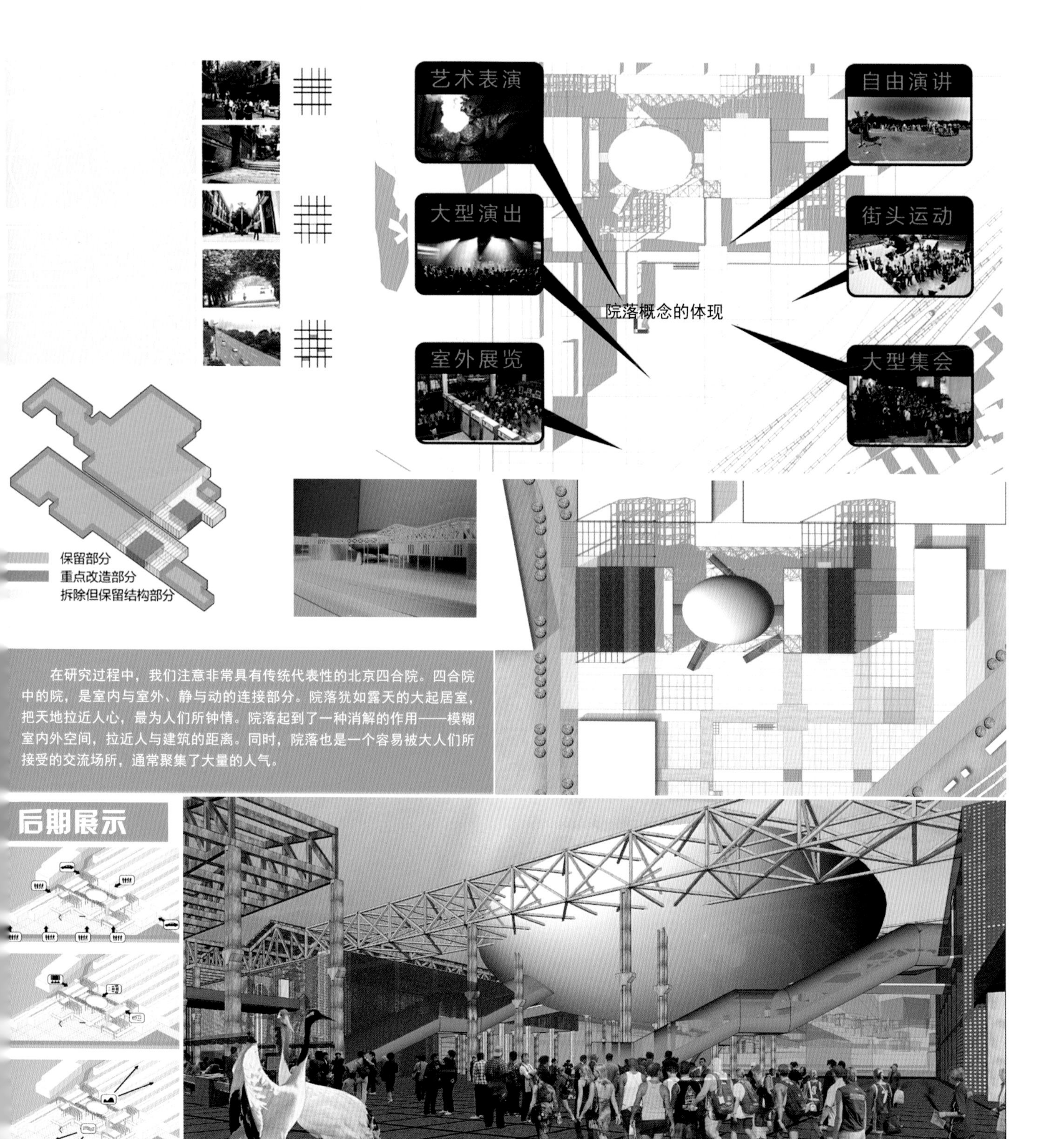

在研究过程中，我们注意非常具有传统代表性的北京四合院。四合院中的院，是室内与室外、静与动的连接部分。院落犹如露天的大起居室，把天地拉近人心，最为人们所钟情。院落起到了一种消解的作用——模糊室内外空间，拉近人与建筑的距离。同时，院落也是一个容易被大人们所接受的交流场所，通常聚集了大量的人气。

后期展示

涅槃·重钢工业遗产改造设计

第四届四校联合毕业设计营

建筑的交流与衍生

指导教师：李　钢

作　　者：杨　乐

学　　校：上海大学美术学院建筑系

设计说明

建筑和建筑之间并非是简单的相邻、相距的关系。人和人之间需要交流，我认为建筑和建筑之间也需要某种意义上的“交流”。这样的建筑会更加的人性化，能让身处其中的人们感到舒适，能促进人和人之间的交流，也就一定程度上促使人们之间的和谐。

然而建筑和建筑之间的交流并非简简单单就能促成的，不仅仅要分析建筑和建筑的关系，更要分析人和人之间的关系。我的设计理念是让建筑和建筑之间产生“交流”。

概念推演

本概念从人性的角度出发，阐述人与建筑、建筑与建筑以及建筑与自然环境的和谐关系。

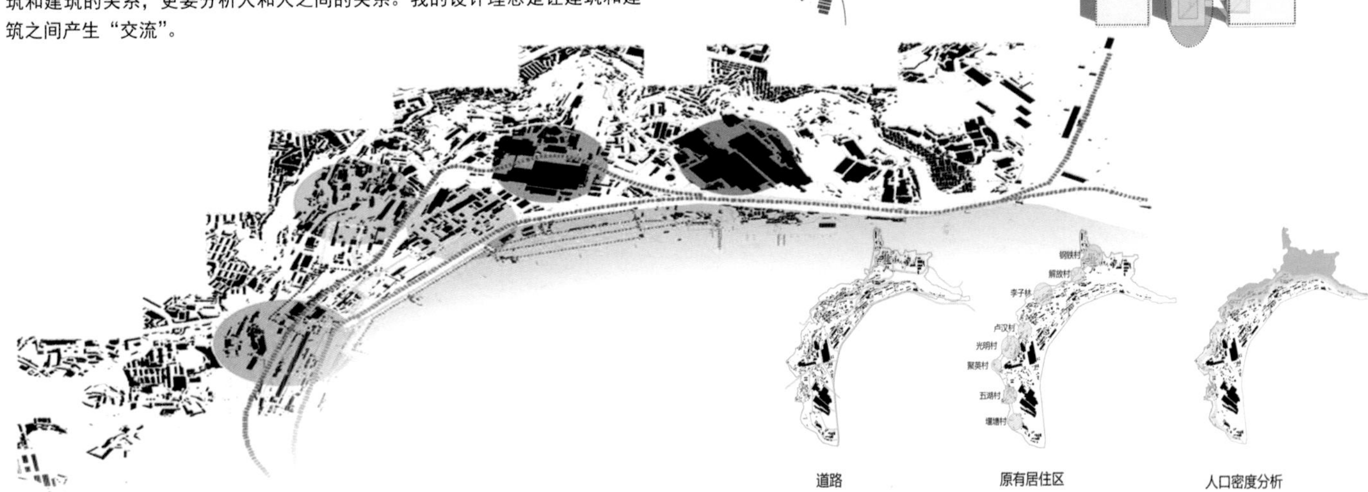

道路　　原有居住区　　人口密度分析

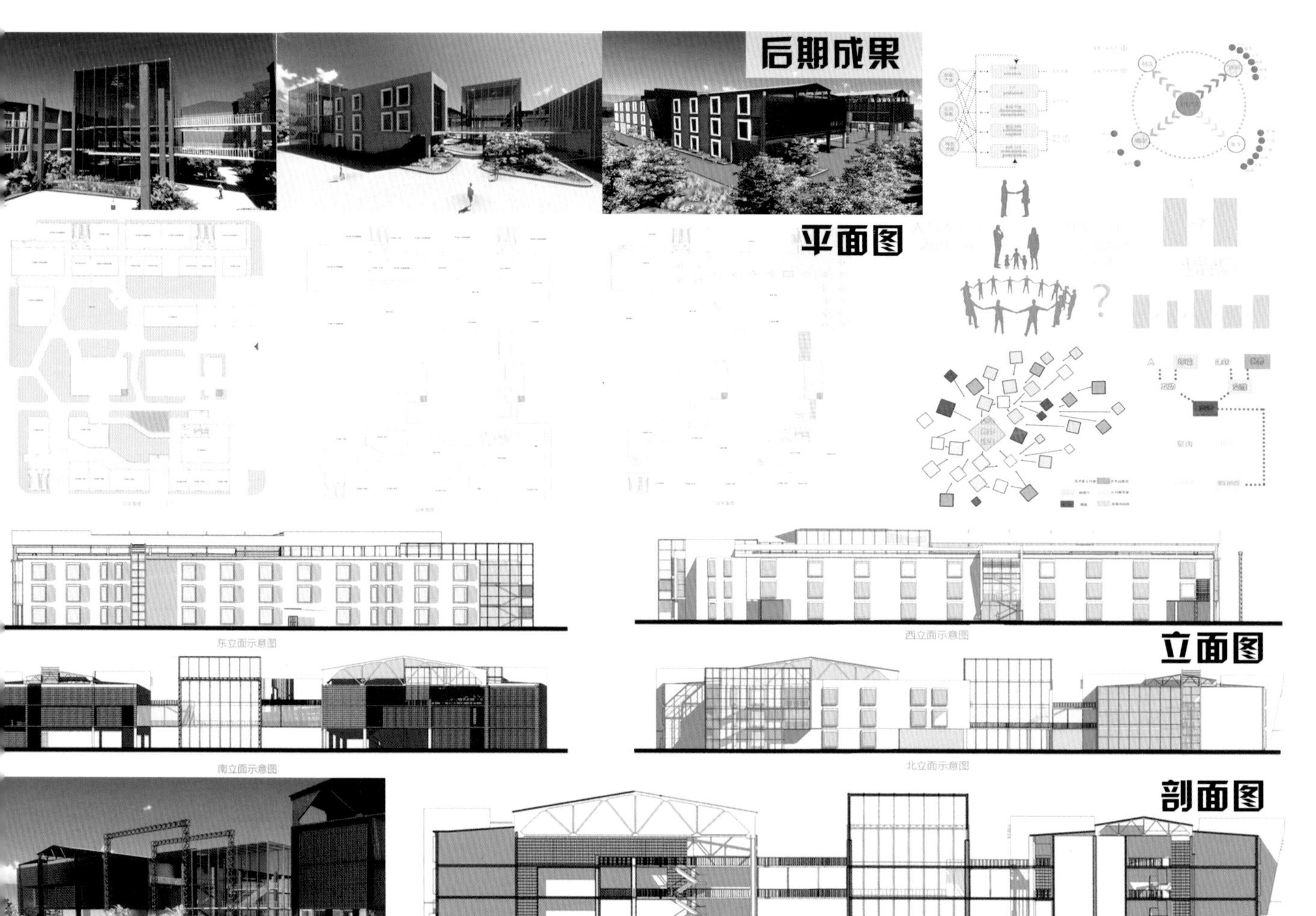
后期成果
平面图
东立面示意图
西立面示意图
立面图
南立面示意图
北立面示意图
剖面图

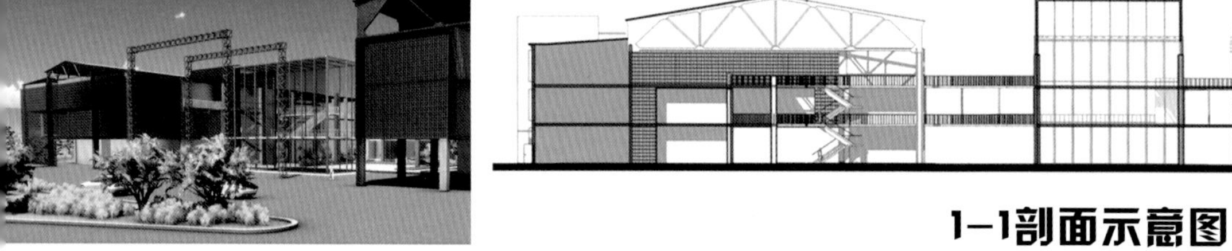

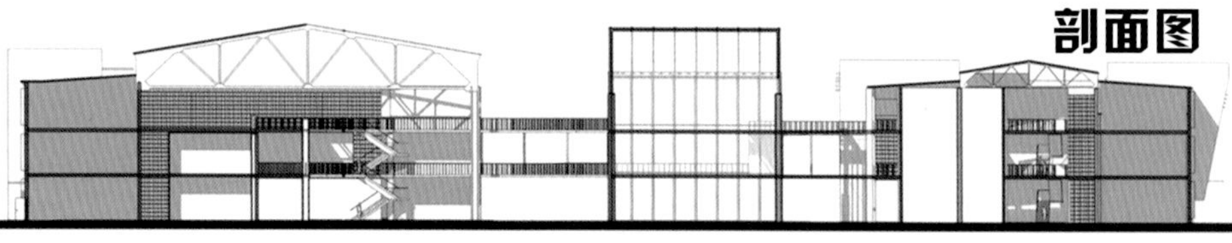

1-1剖面示意图

设计总图
经济技术指标：
选定基地面积：16200平米
建筑面积：12284.2平米
选定基地容积率：0.75
建筑密度：40.2%
绿化率：25.2%

LINE 线描城市 漫步生活

指导教师：魏　秦
作　　者：杨泽俞
学　　校：上海大学美术学院建筑系

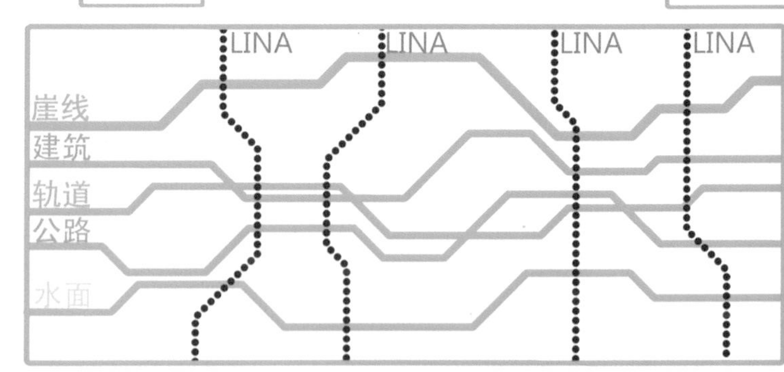

1 设计说明 DESCRIPTION OF DESIGN

针对重钢旧工业基地搬迁改造，从更新重钢交通方式入手，通过对重钢废弃材料的再利用，形成几条连接重钢各区块的"线"，在从"线之于重钢"到"线之于建筑"的目标，一步一步地深入，探讨线对重钢的作用，在从比较具有代表性的炼铁片区入手，研究线在实际中的运用，最后再次深入，细化到炼钢片区的一个建筑，研究线与建筑的关系，从而进一步对建筑的交通功能进行梳理研究。

2 概念形成 CONCEPT FORMATION

重钢问题

重钢地块的隔绝性

重钢由于地形、文化、氛围等种种原因，缺少了与外界的交流，与城市隔绝了，由此形成了城市的灰色地带。

工业构件的遗留性

重钢搬迁导致很多的材料和工业建筑遗留下来，材料如钢材、钢板；构件如集装箱、传送带、铁轨等，这些东西失去了其原来的用途，现在应该何去何从？

城市文化的多样性

重庆本身的文化特点可以看出重庆是一个杂糅、包容、世俗的城市。但是随着生活节奏的加快，重庆市的人们越来越缺少交流，很多的文化在慢慢地流逝。急需找出一种方法来提供市民的交流空间，使这些文化得以传承。

我的概念

通过分析原来的问题，我期望用"线"这一主题来创造一系列廊道来解决重钢所面临的问题。原来重钢的线割裂了整个片区，我希望用另一些线来缝合整个重钢。

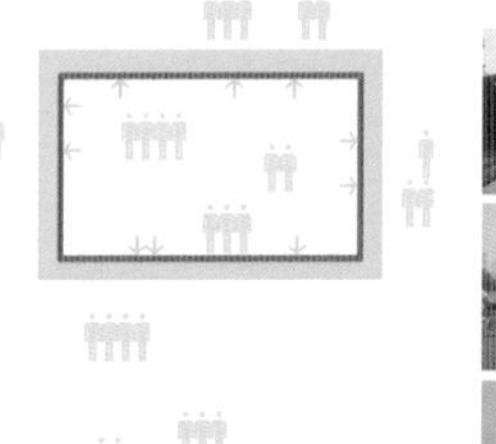

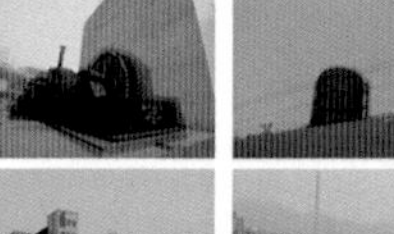

3 线的生成 GENERATION OF LINE

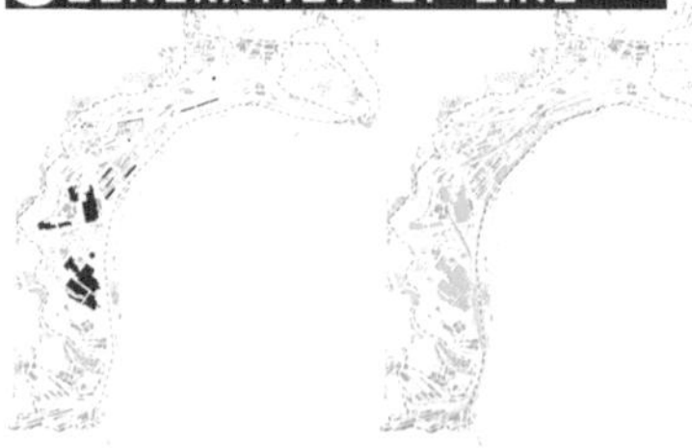

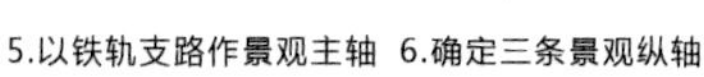

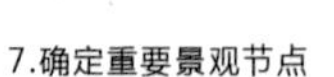

1.确定重要工业遗址　2.确定轨线　3.重新划分路网　4.确定各区块功能　5.以铁轨支路作景观主轴　6.确定三条景观纵轴　7.确定重要景观节点

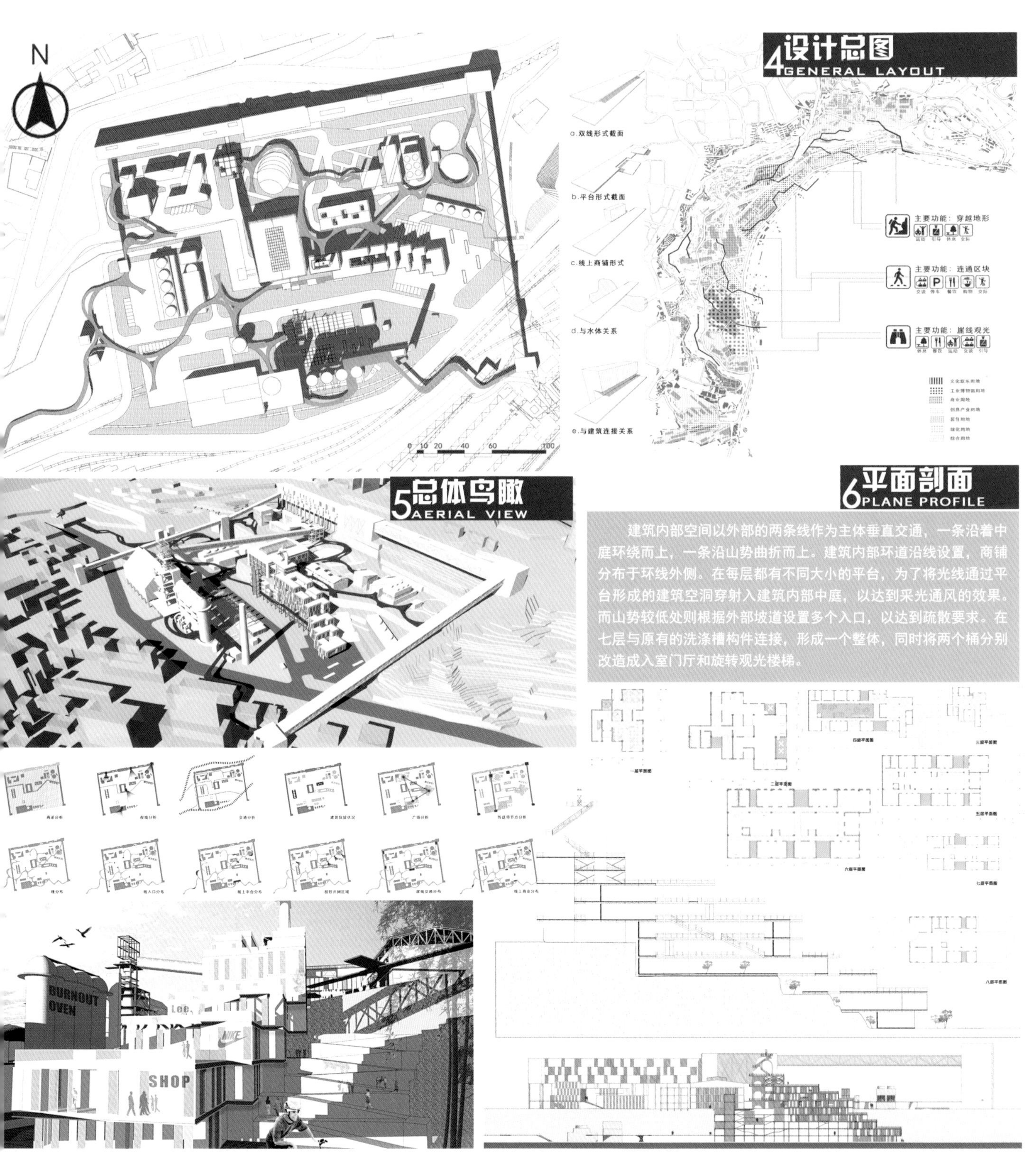
N
4设计总图
GENERAL LAYOUT
a.双线形式截面
b.平台形式截面
c.线上商铺形式
d.与水体关系
e.与建筑连接关系
主要功能：穿越地形
主要功能：连通区块
主要功能：崖线观光
文化娱乐用地
工业博物馆用地
商业用地
创意产业用地
居住用地
绿化用地
综合用地
0 10 20 40 60 100
5总体鸟瞰
AERIAL VIEW
6平面剖面
PLANE PROFILE
建筑内部空间以外部的两条线作为主体垂直交通，一条沿着中庭环绕而上，一条沿山势曲折而上。建筑内部环道沿线设置，商铺分布于环线外侧。在每层都有不同大小的平台，为了将光线通过平台形成的建筑空洞穿射入建筑内部中庭，以达到采光通风的效果。而山势较低处则根据外部坡道设置多个入口，以达到疏散要求。在七层与原有的洗涤槽构件连接，形成一个整体，同时将两个桶分别改造成入室门厅和旋转观光楼梯。
BURNOUT OVEN
SHOP
NIKE

TRANSFORMATION OF INDUSTRIAL PLANTS

PRELIMIMARY STUDIES OF BASE

指导教师：莫弘之
作　　者：郑梦姣　周菡露
学　　校：上海大学美术学院建筑系

重钢工业遗产保护的意义

重钢是近代亚洲最早、最大的钢铁煤联合企业，是抗战时期大后方最大的钢铁煤联合企业，是新中国钢铁工业基地。重钢工业遗产具有高度的历史价值、技术价值、社会价值、审美价值和经济价值。历史价值：新中国成立前的重钢工业建筑遗产非常稀少，新中国成立后又得过国家领导人多次视察，故具有较高的历史价值。技术价值：重钢代表了当时工业技术的最高水平，享有“北有鞍钢，南有重钢”之誉。社会价值：对大渡口区域以及重庆社会发展有极大的推动作用。审美价值：大部分工业建筑不具有艺术价值，但是特殊的型、色彩和体量具有标志性作用，有一定的观赏价值。经济价值：重钢工业遗产位于主城中心区，区位价值显著，而且钢结构建筑，更具有使用的灵活性。

业态意向 Format Intention

工业建筑保护的必要性

《下塔吉尔宪章》中阐述的工业遗产定义：“工业遗产是具有历史、技术、社会、建筑或科学价值的工业文化遗迹。”工业建筑不仅有其珍贵的历史价值需要挖掘研究，而且还具有显著的改造再利用的现实价值。作为物质载体，工业建筑及区域见证了人类社会工业文明发展的历史进程，对其的关注反映出城市发展模式在后工业化时代的辩证回归。

规模对比 Scale Comparison

东京　罗马　本案　巴黎　纽约

重钢的区位概况：重庆地处中国西南，作为西部唯一的中央直辖市，全市辖 40 个区县，辖区面积 8 万多平方公里，人口 3159 万。

重钢地区作为重庆城市的南部门户，对外联系便利，是城市的传统工业中心，面临向新产业集群及工业文化传播与利用的城市中心转型的需求。

重钢是近代亚洲最早、最大的钢铁煤联合企业，是抗战时期大后方最大的钢铁煤联合企业，是新中国钢铁工业基地。

重庆市
重钢
大渡口区
重钢
学校
医院
商场
公园

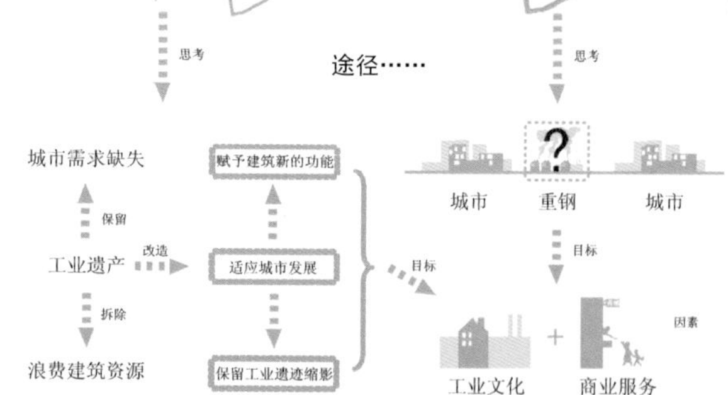

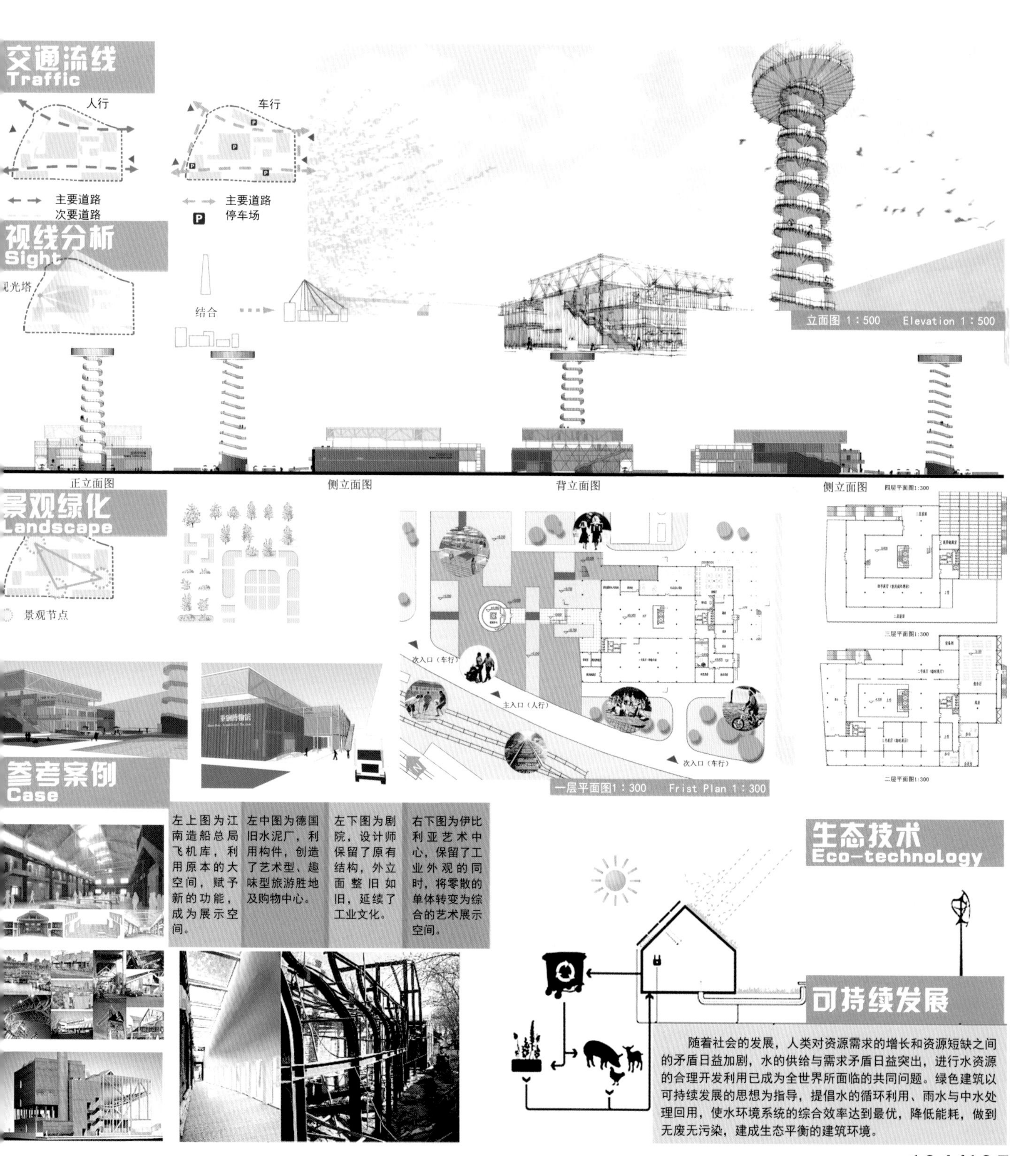

左上图为江南造船总局飞机库，利用原本的大空间，赋予新的功能，成为展示空间。

左中图为德国旧水泥厂，利用构件，创造了艺术型、趣味型旅游胜地及购物中心。

左下图为剧院，设计师保留了原有结构，外立面整旧如旧，延续了工业文化。

右下图为伊比利亚艺术中心，保留了工业外观的同时，将零散的单体转变为综合的艺术展示空间。

随着社会的发展，人类对资源需求的增长和资源短缺之间的矛盾日益加剧，水的供给与需求矛盾日益突出，进行水资源的合理开发利用已成为全世界所面临的共同问题。绿色建筑以可持续发展的思想为指导，提倡水的循环利用、雨水与中水处理回用，使水环境系统的综合效率达到最优，降低能耗，做到无废无污染，建成生态平衡的建筑环境。

绿荫穿梭
——重钢工业博物馆综合体改造设计
指导教师：杨　岩　陈　瀚　朱物新
作　　者：林泽丰
学　　校：广州美术学院建筑与环境艺术设计学院
设计概念
重钢博物馆综合体，应该是一座突破常规的博物馆综合体，因为由如此大型的轧钢厂改造成的博物馆展出许多工业展品的同时，轧钢厂本身就是一件最大且最能与人发生互动并穿梭其中的工业“展品”。人们可以在“展品”中来回“穿梭”的同时进行一些消费的行为，从而带来一些维护旧建筑保养的资金收入。
为了让博物馆综合体的遗产价值得到最完美体现，设计中基本保留旧厂房的牛腿柱柱网与八节间桁架，加建部分受力结构。从而让部分建筑“飘出来”，这时候让建筑外面的绿化“长”进建筑内部，跟建筑里面的人群发生直接的接触，让人群在“展品”中穿梭，在绿荫中穿梭。
改造规划
地理信息
N
概念意向
改造生成

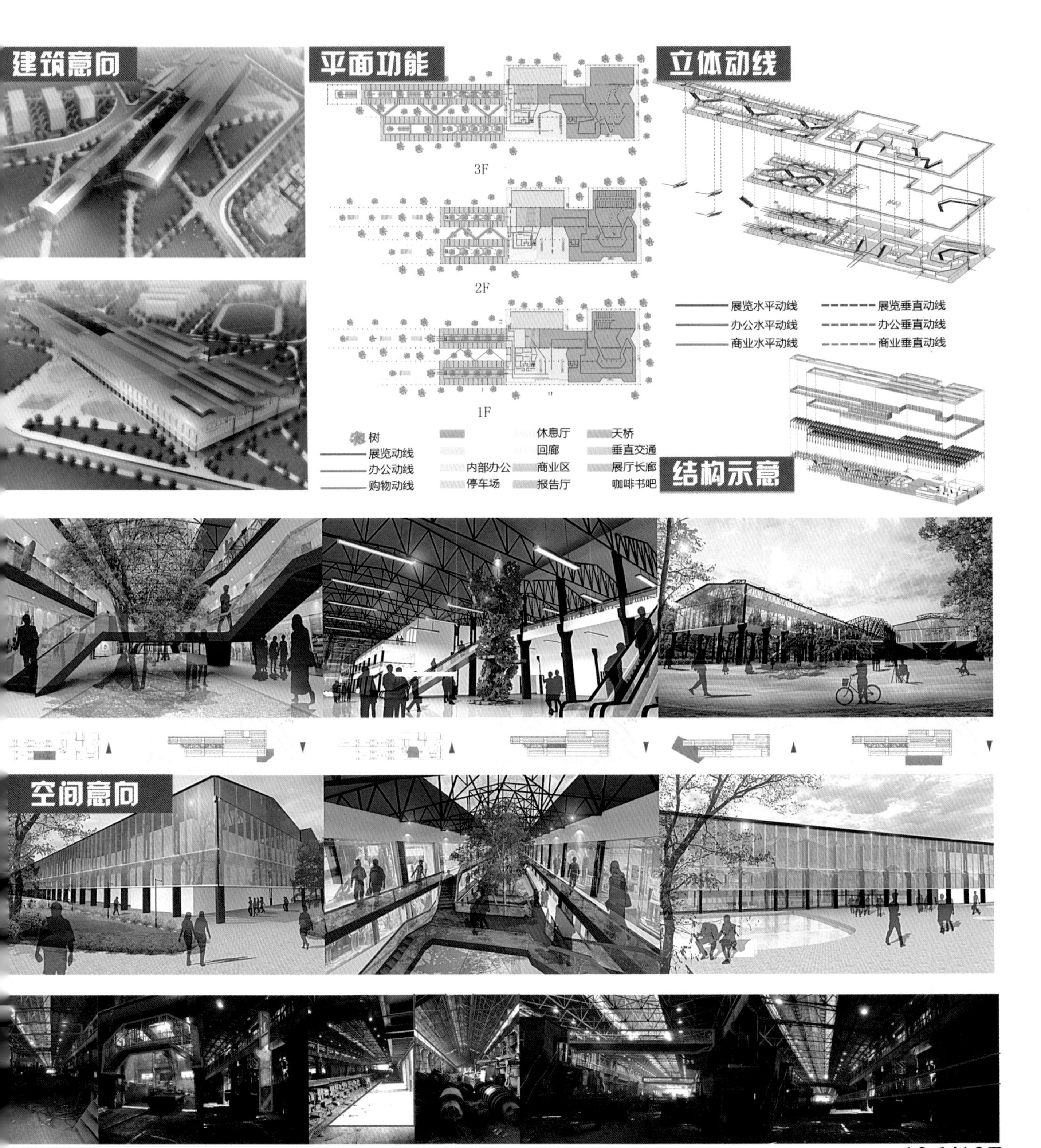
建筑意向
平面功能
3F
2F
1F
树
展览动线
办公动线
购物动线
内部办公
停车场
休息厅
回廊
商业区
报告厅
天桥
垂直交通
展厅长廊
咖啡书吧
立体动线
展览水平动线
办公水平动线
商业水平动线
展览垂直动线
办公垂直动线
商业垂直动线
结构示意
空间意向

极限重钢极限运动广场与会所设计

重钢工业遗址公元改造项目

指导教师：曾芷君　许牧川　卢海峰

作　　者：赵达夫

学　　校：广州美术学院建筑与环境艺术设计学院

设计说明

把旧工业区建筑遗址引入极限运动，把极限运动引入极限广场，把广场引入建筑，把建筑引入主题餐厅产生一种同时兼具驻留娱乐超越自我的空间。改善物质空间的目的是为了改善人们的精神空间。

广场构成分析

第一次来到重庆见到重钢进入到焦化厂，400米长的工业建筑结构深深地触动着我的视觉细胞。当时，我很想跑上去接近它触摸它，我想我的毕业设计有着落了。我要围绕400米的工业建筑结构做一个不让人们遗忘它，让人们亲近触摸它感受重钢工业历史的印记。

总平面道路分析图

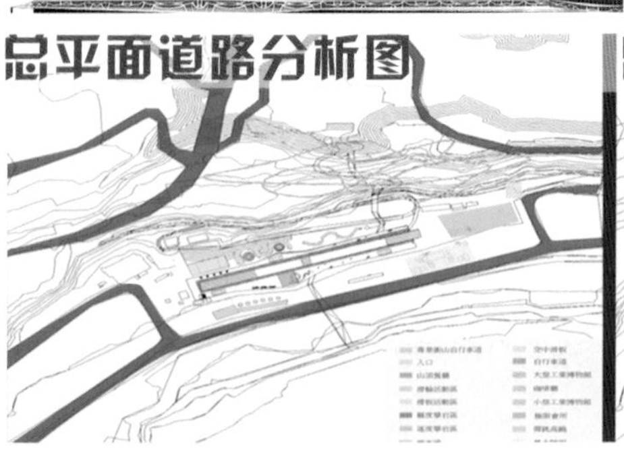

总平面布局图及动线分析

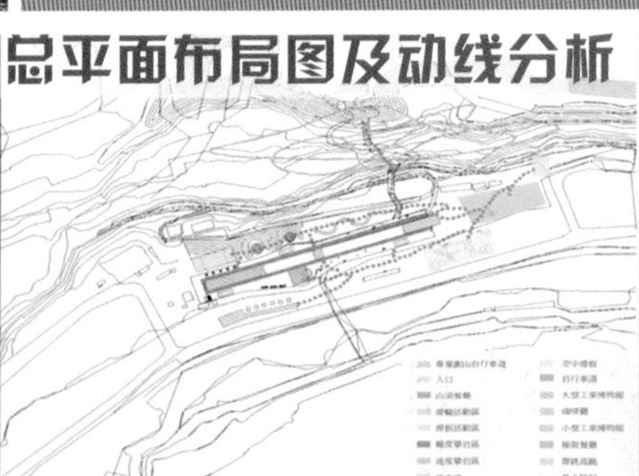

基地坡向坡度分析

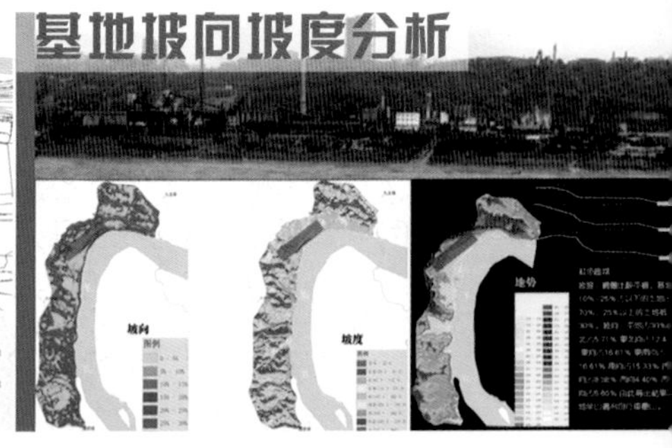

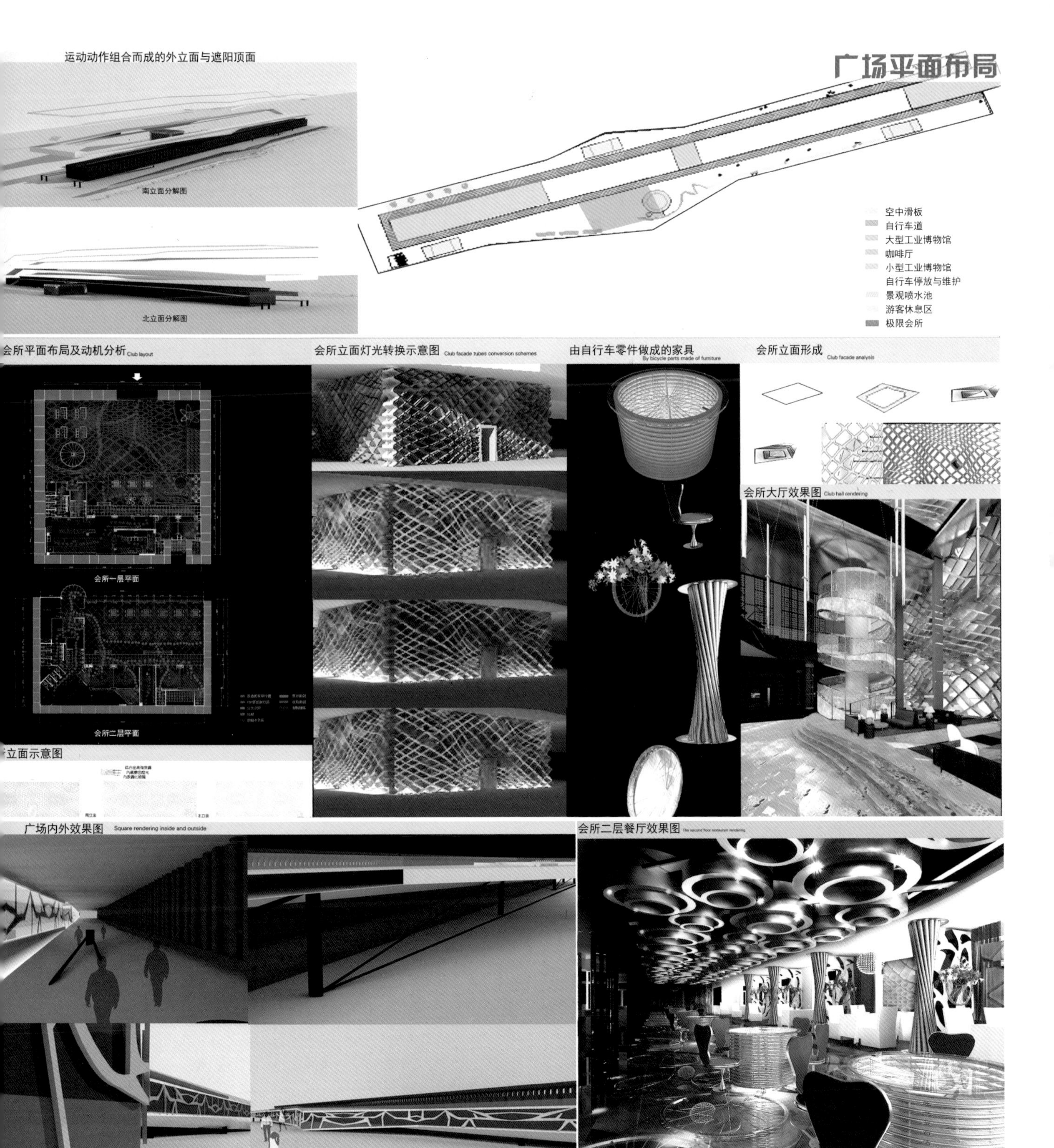
运动动作组合而成的外立面与遮阳顶面
南立面分解图
北立面分解图
广场平面布局
空中滑板
自行车道
大型工业博物馆
咖啡厅
小型工业博物馆
自行车停放与维护
景观喷水池
游客休息区
极限会所
会所平面布局及动机分析 Club layout
会所一层平面
会所二层平面
会所立面灯光转换示意图 Club facade tubes conversion schemes
由自行车零件做成的家具 By bicycle parts made of furniture
会所立面形成 Club facade analysis
会所大厅效果图 Club hall rendering
立面示意图
广场内外效果图 Square rendering inside and outside
会所二层餐厅效果图

代后记

——美术院校建筑教育研讨会实录

四校联合毕业设计营总结暨艺术院校建筑教育特色研讨会实录

时　　间： 2012年6月3日

地　　点： 重庆501艺术基地

特邀嘉宾： 赵　健　广州美术学院副院长、教授

沈　康　广州美术学院建筑与环境艺术设计学院院长、教授

邓蜀阳　重庆大学建筑城规学院建筑系主任、教授

王天祥　四川美术学院研究生处及学位办处长

吴广陵　《新建筑》杂志编辑

黄耘：今天上午四个学校的老师做了本次四校联合毕业设计营活动的点评回顾，下午我们就四校联合毕业设计营和艺术院校建筑教育特色继续讨论，温故而知新，希望是一个相互碰撞的过程。四校联合毕业设计营走过一轮后，明天将做什么？怎么往前走？是继续创造价值还是开创新的价值观？继续创造价值是一个量的累计，而创造价值观是一个路径的转换。美院办建筑十年多了，这条路接下来应该怎么走，相信在座诸位老师会提出一些想法。

傅祎：赵老师提出了整个展示的方式以及表达手段上面的缺陷，很多老师都有感受。针对这个问题，在以后的展示方式上我有一个建议，是不是可以无纸化展示，直接展示过程和最后的结果，不需要重新排版。具体的手段可以是每个学生一个屏幕，整个过程文件可以做一个循环播放的东西，最后的成果可以强调模型，有赞助的话，模型就有可能拿来巡展，作为展示的要求，也作为推进设计的手段，模型的展览力度会非常大。版面更多不是为了传递设计的内容、过程，而是为了传递整个作品的气息，这个可以学习视觉传达专业的海报创意设计，从展示的层次来说，可能第一层次可以看到一个海报的东西，中间是看模型，细读就是屏幕。整个过程、结果就是展览的结果，也比较符合低碳环保的理念。如果后续还有更多的精力、费用，也可以考虑如何跟观众的互动，与展示方式的互动，这个是从展览的角度我想到的。

主题方面，今天提到一个很高的高度，每一年的题目不能以一年为周期，总是停留在前面几步，实际上应该有一个连续性的成果。我建议，延续性的讨论话题和对象可以不是一个具体的项目或者场地背景。联系前一段时间我关注绿色建筑的体会，去年东南大学开过一个有关这个教学的会，看过一些文件，东南大学提出两翼空间，一翼是绿色设计，一翼是数字设计。前两年我在同济也听说过，重大也有对绿色设计教学的阐述。大概有四个部分，一个是知识体系的传授，一个是方法实践在课程里面的反映，一个是研究，还有一个是价值观的树立。现有的工科院校对这一块还是比较有隔膜，可能认为技术就是技术，课程就是课程，我觉得作为绿色设计这一块，美术院校应该关注它。如果价值观、立场换一下的话，那些形式主义的东西，自然有可以批判它的角度。这个话题，我个人觉得应该立足在价值观建立上，对设计的判断立场上。这样的话，可能不是具体的技术或者知识体系的传授，而是这个立场带动起来的其实都是实验。如果这个话题可以持续，下一轮作为一个主旨，各个学校、老师可以对这个主旨进一步地讨论，可以有不同的阐述，从不同的角度做实验。四年下来，美术院校如何进行绿色设计的教学可能会有一个开放性的成果。这个也可以放到毕业设计里面，同时借助这个话题，策划一些竞赛。因为我们现在的活动就像是一个主题展，而这样选题，四年下来课程、毕业设计都可以过来，可大可小，体系层面、技术层面、材料层面都可以，这样会比较好。我觉得不能回避绿色、生态这样的话题。

李勇：现在的毕业设计营，四校之间的交流是不是可以再多一点，有一点设计竞赛，操作起来也很方便，不光只是一个毕业设计。面对所有年级每一年组织一个设计竞赛，应该是很容易达成的。

沈康：学院里面一直在组织，我也在关注，我想接着上午的话题讨论，四位老师讲评语的时候，我还有一些感想。之前傅祎老师说的毕业设计的题目改变问题，我觉得是很有必要的，这个跟我讲的课题是很有关系的。重钢工业遗产这个题目，邀请了专家来讲，但是把工业遗产再做得更深入、更具体化，还存在很多现实问题。我们也正在做另一个改造题，想发展几个关键词。比如说新和旧的问题，把一些问题集中起来，包括业态，怎么面对跟社会的关系。作为服务的话，政府到底怎么想，我们跟政府合作做一个城市形象设计，其实东西很简单，我们通过对命题的注释或者诠释，使我们毕业设计更具体、深入。我觉得上午傅祎老师的评语说得特别好。

另外，第一次参加四校的活动，我觉得四校应该已经不是一个毕业设计、毕业展的概念，实际上是一个某种层面上的平台了，它有这个条件。现在开设了建筑学专业的美术院校基本上都在这里，然后组织这个研讨会是特别好的事情，为发展提供了很好的支撑。怎么样把这个活动连接起来成为一个平台或者联盟？上午也谈到这个问题。建筑学怎么往前走，这两个可以完全并在一起谈论，我们在这个平台上怎么做事情，除了毕业展，还有设计竞赛、课题、工业遗产这样的题目，可以变成课题，得到一个成果性的东西，这个成果区别于传统建筑学的系统出来的成果。在座的都是艺术院校的，在这个过程中我们自己也被改变了，有一些看法、角度是可以去尝试的。艺术院校办建筑的特色，由自身的特点、背景决定的，而且每一次跟建筑圈交流的时候，他们都非常期待，另外我们没有包袱，我们可以把这样一些现实性的命题做好。利用四校的平台、美协艺委会的平台，把艺术院校建筑学的影响进一步扩大，并逐步推出去。

赵健：我们对于持续近 60 年的建筑学，首先是学习、了解。艺术院校建筑学，可能一开始就要注意到，差异化学习，差异化建设。这个是给中国的建筑学教育、建筑行业多一条腿，所以这个是我们该做的事情。差异化的东西非常重要，这不是要排斥传统建筑学，那是大基础。在本校，一定不能建成小清华、同济，不是说他们不好，而是我们有另外的价值，这是对我们的学生负责。还有中国建筑教育的弊端部分也是显而易见的，工学建筑教育也意识到这一点，近 20 年的城市化进程，随着建筑师的发展，信息不分国界，这个范围、边界已经在模糊了，这是一个很好的平台。

艺术院校如果要干这个，首先要明白，传统工学、建筑学是一个技术、空间、土地的学问的话，艺术建筑一定是一个消费、生活方式、视觉传达、时尚、文化的学问，如果没有这个意思的话，我们很难搭建一个属于我们的平台。为了使中国的建筑学发展丰富起来，我们发挥我们学科背景的长处，能做有型的，有艺术做支撑的，总体来讲不是处理物质材料的，背景就是这样的，这个概念我们要建立起来。

杨岩：今天提出两个最重要的议题，一个是关于四校怎么走，怎么考量，第二是关于学科怎么提升一个平台，不管在申报评估上还是政府、社会各方面的认可上。

我先讲一下我的想法，这是两个不同的问题，有相互关联性，但是始终是两个问题。四校就是四校，四校是很小的，很具体的教学内容、教学尝试，这种教学内容的具体成果可以影响到大学科的建设，大建筑的申报等，但是目前来讲，把它搭在一个列车上有点困难，并且一不小心就有另外的毛病，越做越大，越做越广。很多人开了头之后，头脑一发热，就觉得这个事什么都能做，这样一来感觉就不对味了。因为有四个重点学校的资源，因为有央美的排头兵，这样就违背了真正的思考问题和原来的初衷。

如果我们回到四校就是四校，我们走了四年，我们理解成是一个彩排还是尝试，这种尝试和彩排都是有一点摸着石头过河。四年下来，每个学校出过一个题，每个学校都办过活动，做了很多工作。但是如果四校的活动是被大家认可，认为它是一个可以深入下去的方向的话，我个人认为，是围绕四校怎么建立品牌。刚开始是卖产品，真正对四校的教学有一个品质提升的话，我们可以起一个名字——品牌，一方面让人容易记，容易看，另一方面为了自己有效管理，维护好、管理好、发扬光大等。以这样的概念，去贯穿后四校的工作，可能又是一个做法。我们往往探讨的时候，都会觉得我们感觉大而虚，真的需要一步一步挖得很深的时候，很多时候就没有这个耐心，也等不及。我认为我们四校要等得及，也有这个耐心。

四校品牌是不是只是一个联合毕业设计，是不是四所重要的名校捆绑在一起，就在某一个课程段上凌驾于其他重点院校上的叠加，不是这样的。我个人认为，四校品牌有意义的在于能够自己有一个清晰的主张，有一个目标。这个目标和将来的愿景，你自己心目中的教学状态、师生状态是怎么样的，每一个人心中的愿望都可以通过讨论点体现出来。相比现在很多盲目办学，很行政化的管理基础，它派生一个有点体制外的、可以自由畅谈的空间，这就是我所想到的四校的真正意义。因为我们在自己院系里面受了很多方面的约束，我们很多时候也有自己的难处。一旦进入四校平台，我们会有自己的灵活性，这种灵活性，可以给非常规体制的教学模式带来一种新的花样，这样一来，无形中又作为品牌建立的目标标准，有一个自己的主张、观念、态度。有了这些以外，我们很稳定地、耐心地一步一步执行实施策略，同时建立共同认同的一个评价标准。我们刚刚做完毕业总结会、各个检查工作会，但是自己想一下，你的评价标准，都是来自鼓励、客套，这就是体制的俗套，这样一点意思都没有。我希望通过这个平台，建立我们空间设计的评价标准，这是一个相对独立的评价标准。时间长了，社会肯定会对我们有关注，这就是我们所希望的一个东西。

另外我们整天说建筑，既然我们在美院这样的环境下，建筑在美院生长，绝不是让它更艺术、更美术，更有形式感，我们真正要思考的建筑在美院到底有什么样的、最扎实的资源和条件。如果是泛泛的，美院就是有很艺术的感觉，这样太虚了。现在的美院，对于我们建筑的影响还是很深的，现在的美术不单单是一种材料、美学的训练，有很多观念、看法、思考，影响我们做出自己的判断。同时，我们再谈实用，美院有平面设计、纺织品设计，众多设计中，对建筑的用户需求的研究，用户体验的研究等，对空间设计再往深一步走有很重要的启发作用。每一年我们看到平面设计之类，我们会觉得很亲近，借鉴思考起来更便捷，另外刚讲过，我们没有包袱，所以应该有新的突破，包括交互、用户终端等的体验，把这一块做好了，就不仅仅是形式感的东西。我们能不能通过这样真正落实到美院的概念、多效的概念、四地的概念，这就是将来四校如果继续走下去很重要的思考点。

王海松：关于四校，刚才前面一位老师说的两个层面，一个是名校，一个是美术学院，代表了赵老师提的高要求。这是一个毕业设计，是教学环节的最后一步，也是一个指挥棒。你对毕业设计的引领是对整个教学的引领，这是我们实际在做的事。美术院校建筑教育以后怎么走，与决策层相关，其实这个问题是可大可小，可具体可抽象。我们做具体的工作，同时为以后的接口尽早地接上。在美术学院的传统视野下，建筑不容易被理解，而环艺更容易被接受，我们搞学科建设要怎么做，学数学、艺术学、影视，我们想把理论方向的人转到建筑学理论，建筑学设计，但我们没有地盘，没有学科生长的平台。我之前参加了建筑学工学专业硕士学位的论文评价体系一个会，他们基本上也是对那种体系有质疑，他们在建筑学的体系下受工学的影响，他们活在工学影响下。以后在艺术院校要认可建筑这个学科，各院校论证，专家评审可以了，备案，网上公示。我们可以自己认定一个标准，去争取支持。

沈康：补充几点，一个是建筑学在工科体系里确实比较尴尬，我们去年评广东省社科基金，有相当一部分建筑学的项目已经开始往这边倾斜，这不是中国的问题，建筑学如果放在SCI里面就很痛苦，他们开始往社科倾斜。所以我们要站在自己的立场上去，找一个口或者定位。

邓蜀阳：我也参加了建筑学专业八校联合，我们那边有八个学校，这边是四个。这里面都是建筑学的，进来以后非常惊讶也很亲切，我参加今天讨论的话题，赵老师前面说了，大家发挥个人所长，各说各的，所以每个人说的话题牵扯的目标不是一致的，多元化的。

从我外围的角度观察，四校在做建筑学专业毕业设计联合的层面，我觉得有几个方面。

第一个方面，我们为什么要做联合，这个事情大家应该有一个共同目标，联合的目的就是交流，把各个学校的优势发挥出来，互相学到优势，肯定是学你自己需要的，所以交流是非常重要的。

我这几年参加八校，我们也一直在考虑怎么交流，虽然出了个课题，这是大家交流，展示作品，似乎也交流了，但是还停留在表面，深层次还没有打开。去年八校由我们做主办，我们在想怎么样交流得更深，各个城市、各个学校都在很远的地方，学生、老师联系也不方便。我们后来想了个办法，这是经过八个学校互相认可的。我需要这个学生在这停留五到七天，这只是根据各个学校的情况。原来我们想停留一个月，实际上做不到，这五到七天我把各个学校的学生混合分组，重点放在前期工作上。一个是人与人的沟通，一个是思想的碰撞，另外对整个课题熟悉程度的交流，这样的话，对于学生之间就非常好了，但是这个对老师有一定难度。老师之间的沟通非常多，但是学生还都是各自分开的，所以我想把学生之间的沟通程度加强。

我们做的另外的合作教学项目，跟佛罗里达的合作，两边的学生在一个组，这样就好办了，这种情况有一定难度，但我们要寻找交流的方式。

第二个方面，我们要找到艺术院校的建筑和工科学校的建筑学，到底存在哪些差异，差异性在哪里，哪种差异性是我们艺术院校要保持的。从现在来说，我们学校不管工科还是艺术，很多越走越一样，其实大家都应该认真思考，努力寻找你自身的发展出路。

教学这个部分，现在只是联合毕业设计的层面，互相交流的应该不仅仅是毕业的最终环节，很多是过程中很重要的。组织方式上，大家可以想一下，像结合到毕业设计里面，我们八校就结合毕业设计出版了毕业设计图集。第二，可以发表文章，如《建筑学报》之类，也借这个平台做一些事情，也是有利因素。

今年八校也考虑评奖的问题，这个有难度，因为要制定标准，就算定出来以后，执行起来难度非常大。本来这一次八校也想评，但是最后一致意见还是由老师推荐，一个学校给个指标，这个相对要好一些。我们也在找相关的途径，比如说在这个时候，每一年或者每个板块找一个课题，对应一个课题，但是有些课题，可能是实实在在的，有些课题是虚拟的。比如说竞赛有些题完全是虚拟的，给你做一个未来世界，那种想象力可能更丰富，发挥的余地、空间更多，也有好的方面。但是不能老做一个东西，八校我们那边也发现了，今年做的工业改造，明年做一个教堂改造，说穿了这是同类型的模式，时间长了就会有固定模式化。

另外一方面，刚才傅祎老师说结合绿色建筑，这个可能是一个出路，现在业界都在做，但是我们学校特别弱，中央美院都很强的。这个是好事，我们可以往先进理念这方面去做。

然后就是双赢的问题，我们做一个事情，组织起来了，应该是互相得利。我们参加同济建造节，启发非常大，他们邀请了很多学校参加，它借这个平台跟社会关联了，把中学生拉进来了，本来学校要做宣传，要招生，给中学也评奖，一个金奖，校长给你三个名额，可以直接进入同济建筑学专业，然后展览一个星期，家长就带着孩子进来参观，这就跟社会接上了。我觉得我们应该学一学类似比较好的途径，比如我们就关在这个房子里，外面人谁都不知道，人家知道的时候，都会想看一看，这个双赢我们也应该借鉴。

最后一个是学生之间，学生跟老师之间，刚才我说把学生分散，分散之后，学生分成组了，可能两个学校两个老师联合指导一组，这样也是一个搭接，我们应该好好研究，怎么样走这个路。

李勇：我一直在想，学校的影响实际上就是对社会的影响，根本还是对生源的影响。我在学校这么多年，人家误认为我在美院就是教画画，知道美院有建筑的人很少。如果要对社会有影响，应该对生源有影响，让大家都知道这里做建筑，而且还挺有意思的，不管就业、收入也好，让他们能有这样的判断。解决了生源的问题，才能真正把美院的建筑学办得有声有色。现在美院招生系统，跟工科招生基本不怎么搭调，生源存在质量的问题。

邓蜀阳：学历这个问题，今年有一个美院的学生考上了我们学校，考上以后马上问我，怎么样转成专业硕士，我说不可能，在我们学校专业硕士必须是我们那三个专业，其他都不行。专业硕士跟注册师考试是挂钩的，从招生到工作，是连贯性的。同济大学在生源培养上则做得比较好。

魏秦：每个学校都有自己突出的特点，但是学校和学校之间的界限还是有一点清楚，我们调查的时候老师也有这样的交流，能不能让学校之间的特点成为我们沟通的基础。不管是最后毕业设计的交流还是以后扩大范围，扩展到别的年级，展示形式或者是最后展示的过程，可以突出各个专业的特点。一个是打破学校之间的界限，无论老师还是学生之间的交流，因为从我们四校专业来说还是有一些差别的，如果打破界限，可能让大家更融合一点。

刚才傅祎老师说的，如果范围不只是局限在毕业设计阶段，刚才说的绿色设计，不管是设计方法还是过程，展示的形式包括审美的价值判断，都可以突出美院的特点。现在看到展板形式，很容易以图示化的方式表现，这是一种局限性，我觉得从展示方式上可以从美院获取一些灵感，可能成果会有意料外的效果。

陈翰：四校的联合，每一年都有一种感觉，过程很辛苦但是却取得了非常满意的效果。每一年的展示效果都皆大欢喜，我们是美术院校，美术这两个字，美本身就是一个学科，术是实现它的一个方法、技巧。

我也会问学生，进美院之前有什么看法，他们都说没有看法，进来之后差别不是太大。我自己的看法，我同意以前有一个意大利的设计师说的：准确地抓住美丽瞬间。我理解这个词，准确是意味着要完善我们的技巧，完善科学的推理，抓住美丽的瞬间就是在人文学科基础上对美的体验，这是美院展示出最独特的特点，如何感动，在生活中获取一些感动。辅导四校过程中，有个学生做得不好，但是我非常感动。他一开始提出去重钢，他看中里面的青苔，但是他的技巧不够，他不会把一开始发现的很感动的东西联系到专业，从点到面展开，把这个东西做出来。这就是美院和工科结合的时候，需要有一个链接，才能掌控感动自己的东西。

这里涉及两个方面，一个是过程很辛苦，大家没有掌握很好的技巧，达不到那个点上。我自己的理解，如何轻松地做一个事情，能够让它有效果出来。这样必须要求我们要把自己的优势发挥出来，这是挖掘美的过程。另外是强调社会学科，多维度切入的方法，不一定是单维度的从上而下。同时建立我们的表达文本，强调细节的美。我们更多的理解应该是自己的特点，扬长避短。

许牧川：对于最新课题的关注，可以张扬和扩大四个学校的个性。课题每个学校都在做，都在关注，我们往不同路径走的过程中，需要一些传统建筑学的人去奋斗，但是美院跟他们最大的差别是思维方法。在美院教学过程中，我发现很多时候很简单、很不全面的想法，真正完成以后你会觉得很惊讶。我们关注过程，但是结果呈现出来的时候，不同人有不同看法。

接下来希望四校在这个层面上的规划，首先我们是艺术学校，这决定了我们的生源不一样，周边很多老师是艺术类专业出身，背景不一样，形成了我们美术学院建筑学发展的方向，我们应该把每个学校的特点再强调一下，整个是艺术类区别于理工科的，可以把我们学校的特色张扬一点，人少更容易形成一种体系，跟同济、清华不一样，那么多老师，必须面面俱到，更强调包容。我们美院的建筑系应该是有所为有所不为，不一定把最新的方法、技术放进去，我就是做个性化的，并且更能反映学校老师的特点，放到这里面。

莫弘之：我在同济跑得比较多，现在有一个现象，美术院校建筑系，有一部分有一点往工科靠拢，同济他们有一点点往我们这边靠拢。我在想，建筑系被美院绑架还是工科院绑架，还是建筑系应该绑架美院还是工科院。

专业硕士，包括 4+1、4+2 之类的，大家可能都在争这个发言，我们美术院校要做的是抱成一个团，没有必要跟老的工科院校挤，也没必要跟他们割裂什么，大家都往这个方面靠。同济建筑学院把我们美院的人请过去，这正是相互吸引相互影响，这样感觉很好，本质上工科院校很希望向艺术院校靠拢，艺术院校又觉得工科院校很高，其实不是的。

吕品晶：四校做了四年了，跟八校不一样，是要考虑一下怎么样有所变化，有所调整，也不要把四校的事弄得责任太重大，这只是一个良好教学的举措。这个举措重要的是发现各自的差异，特点不是刻意做出来的，是在不断发展过程中，由于各方面的条件、环境、因素促成的。但是你可以在这个过程中并没有察觉到，在联合教学过程中，就是互相当镜子，促使你去发现。我赞同赵老师说的差异性，联合教学做不好就变成同质化的过程，这个过程更重要的是通过大家的交流，互相帮助对方发现闪光点，通过培育形成特色，这个有别于打造什么特色，特色就是要去寻找、挖掘、分析各自的办学背景。我们经常说，美院一定要跟工科院校做的不一样，做出特色，这个不是口号，而要充分利用我们的办学背景。比如说我们设定什么样的目标，不管东南大学一体两翼也好，或者我们在这方面做什么事也好，都是一些具体层面的举措。真正要挖掘的是，我们能够办学，能够依托的资源是别人没有的，是别人再喊口号都做不出来的。

刚才总结的几个，工科院校物质、材料、空间的，美院这一块应该更关注人的建筑学，这是我们没有挖掘够，其实大家都在做这个事。绿色建筑也会从价值观角度谈，从技术、设计方法等角度看，但是实际上能够做到什么，最终还是要看你有什么资源。美院最大的好处就是其他的相关资源，为什么同济要请这么多美院的人去，他们要营造这样的氛围，他没有我们天天都是这样的环境氛围，但是由我们特点形成的“土壤”，我们要挖掘这些东西，教学的时候要往这方面靠拢。

关于特色或者关于四校联合教学怎么样往前走，不在于选了什么有意思的题目。当然，题目具有延续性，也是应该要考虑的，但是这种延续性不是说出什么题，而是考虑到题目之间深层次的、基本的普适性，如果是通过长期不断延续进行题目的发展，会形成一个有价值的系统。

另外一个问题我觉得是理想与现实的问题，我们一定要有理想，做我们的事，走我们的路，另外也要现实。同样是一个人讲理想和现实，我想每个人分寸的拿捏程度也不一样，现在就是这个状态，比如说学科建设，就是一个计划经济体制遗留下来的问题，就是一个资源分配的问题，拿这个东西来分配资源。

黄耘：你们现在走的是一级学科的申报，我们希望能不能走设计学的一级学科下面目录外，设计学下面有六个目录，现在把硕士的目录外学科让学校自主设立。这是不是一个临时措施，可以突破硕士招生不能招工科的局限，或者美术学院搞建筑特色的尝试。我们能不能先申报目录外二级学科建筑艺术设计。

王天祥：设计学里面有环境艺术设计，有建筑学、艺术学，我关心的是建筑艺术系是设计学下面做还是艺术学下面做。问题在于，在没有拿到之前，我们作目录外和交叉学科，就成了设计学下面的二级学科。填表的时候，表上面第一件事情是让你说清楚你是谁，学科基础、内涵和相应学科的关系，现在有一点，建筑艺术系到底是什么，我们到底产生什么知识。从体制层面，我们怎么拿到资源，活得下来，发展得好。从学科方面，有两个问题需要追问，这两个问题，目前还没有解决好，没有找到很好的方法，所以今天我专门过来听大家的意见。

现在美术学院遇到的问题是，CSI 等对其他学院还没有意识到，建筑学某种意义上有工学体系下要求，但是我们又在美术学院。实际上 CSI 只有美术研究进去了，跟美术界对话的时候，就在《美术研究》、《装饰》、《美术观察》发表文章，如果走 CSI 就是《文艺研究》、《民族艺术》。这是学科诉求上，我很关心，现在也没有答案。

今天上午有人说这里面怎么区别本科生和研究生，看不出来。有一个专家说，本科写一个设计说明，研究生培养的时候，作为研究，作品是对我研究观点的阐述和形象化的展现，这个说法有一定道理。四校的模式，实际上非常值得关注的，而且听了大家回顾过去、展望未来，我很愿意听到大家实实在在的话。在研究生培养的时候，有一个问题，我们毕业生出去以后，到底规划在哪一个部门？在我们人才培养的目标和行业的对接上，现在美术学院的建筑学还有一些模糊。

四校模式，我建议一下。四校提供了对话、互动的平台，我当时想到，学科层面和组织层面的模式叫中心嵌套式的模式，建筑学是核心，怎么做还是建筑学这个学科，但是如果往建筑遗产学、建筑美学、建筑文化学、建筑景观学上靠，这可能在诉求上产生了不同。今天非常好，有四校互动，更多的应该有多学科的对话。我个人做文化遗产研究，重钢的选题，工业遗产博物馆被列入重庆十二五期间十大建设工程，重庆市有很多重要项目，它怎么变成遗产，怎么转换成新的资源。我有一个关于台湾工业遗产更新的报告，报告不是从形态和功能，而是从产业的层面，比如说遗产研究，也有从形态层面、生活方式的研究。刚才我们讨论到，把一个研究主题怎么样逐渐深入、推进，是不是通过嵌套式结构推进，这也是值得考虑的。重钢是一个真题，既然是真题最好通过媒体、实际应用得到推进。

我个人从学科上给各位专家提的问题，自己也没有解决，到底是设计学下面做还是建筑学下面做，学科归属归到哪里，我们怎么样形成有效的评价体系，说明我们今天这一群人的努力是值得尊重而且能够得到资源，还有在学科培养模式上，是不是进一步明晰一下培养目标。这正好是在二级学科设置下面有一个培养方案，和行业产业的对接以及具体的培养模式，然后在四校基础上取得更大的突破。

吕品晶：设计学这一块，怎么样进行二级学科的建设，中国的体制就是这样的，比如说建筑学，或者分出三个一级学科，关键就是话语权在谁手上。建筑学作为特殊的学科，在整个发展上，应该是往好的方向。原来还是在土建里面，现在分出来了，建筑类下面包含了建筑、景观、规划，已经迈出了一大步，已经不是在土建学科，而是自己的建筑类学科。

王海松：设计学下面可以设设计学和工学两个方面的硕士，能不能以后在建筑学里面设艺术学位或者工学学位。

吕品晶：设计学为什么能够独立，就是因为这里面的人很多是工科类的。但是因为设计里面有工科，所以提出来，必须要分出来，不分出来的话，在工科下面再设一级学科，所以分成两个一级学科。

我们要做的就是，你可以往圈子里挤，将来再看怎么分，这是一条路。还有就是你那块是你那块，将来再融合，这也是一条路，各个学校情况不一样，如果目前这种状况，也不是不可以在设计学下面，再申报二级学科——建筑艺术学，然后申请工学学位。我们不要排斥学位，有时候我们觉得为什么要授工学学位，其实这都是一个名头，你怎么样教学，教学理念是怎么样的，你还是可以保持你的独立性。如果顺着体制，做事就是事半功倍，如果将来通过我们美术院校各自的壮大，真正在建筑业界产生一些影响，你就可以发出声音，但是现在还在培育状态，你就要以一种反潮流的精神，那肯定不行。

王天祥：第一，建筑艺术系和设计学院的环境艺术是两个主体，第二，一个二级学科不能这么多名额。赵院长你们是把环艺单独设还是放在建筑里面？

黄耘：中央美院、中国美院、广州美院都是把建筑和环艺放在一起的，环艺是一个特定历史条件下的产物。

王天祥：最终可能还是要走到建筑学学科下面去，而不是设计学下面，设计学下面是一个过渡的解决方案。原来的艺术学升为门类，美术学、设计学一级学科，教育部运作上考虑只要目录类报到教育部要备案，目录内就备案就可以了，目录外就要评审之类的。现在大部分学校处于观望，在自己权利范围内运转它，但是不做太费神的事情。我个人认为，这个问题，要么做交叉学科，建筑学、设计学下面做交叉学科，至少要目录外或者交叉学科，以后也该是这样，申报之类还是要做，只是大家都做了，以后就相对容易一些。

黄耘：先做起来，有一两年的工作，下一次硕士招生就叫建筑艺术方向。申报材料很体系化，我们最说不清楚跟建筑学的区别。有工科建筑学老师问我，你们建筑学和我们建筑学有什么区别，我觉得没有区别。

王海松：人家问你培养的人是艺术家的建筑师还是工程师的建筑师，我说我培养的就是建筑师，都是跨接的，应该都具备。

赵健：今天下午各位做了很好的发言，简单回顾一下傅祎老师就四校活动的展示方式、今后活动的内容、从毕业创造向其他的课程和课题扩展、转换等，发表了自己很具体的见解。跟傅老师见解互相呼应的一些老师也做了很好的发挥，广美的老师对四校联合也有自己的见解，比方说许牧川老师讲的四校联合应该使四校个性更强，四校张力应该更强于作品释放的强度。川美的李老师就联合设计营的方式，是否可以增加竞赛、教师之间的联系也做了建议，莫老师也呼应了这个说法，建大的邓老师站在建大成功的实践中，给我们提了中肯的建议。

今天大家所涉及的话题，有两个，一个是四校本身的话题，一个是借此平台谈到艺术院校建筑学今后的出路，今后的升级的问题。在座的很显然属于教学群体的带头人，对这个话题感兴趣，或者很迫切。作为一般老师来讲，还是离这个话题远了一点。这个话题是吕院长、王处长作为主讲，刚才王处长追问了我们一些问题，一个是艺术院校研究生或者本科生的区别在哪里，我们要想好怎么向艺术界之外的人说清楚这个问题。

我试着讲一下，艺术设计的研究生和本科生是教育成果的发展，是两种药品，本科教育是西药，就是把药丸吃下去，研究生是中药，药还在，不吃下去，吃熬出来的水。刚才吕院长讲学科建设的事情，2011 年，国务院学位颁布了新的《学位授予和人才培养学科目录（2011 年）》艺术学被定为一级学科，从文学里面自立门户，这里面五个一级学科，从后往前讲，戏剧与影视学，我们理解成表演。一个是线下表演舞台，线上表演是电影。第二个是音乐与舞蹈学，这两个是两个类别，并在一起，因为这两个类别的高等学校数量相对比较少。另外艺术学理论、美术与设计学，设计学第一次前面没有艺术两个字，变成设计学。设计学里面大概有两个以上的学科都可以艺术学和工学兼招的。一个是工业艺术，一个是服装，还有一个二级学科视觉传达与媒体设计，也是兼招。

我们座谈会是小范围的讨论，眼前可以在设计学一级学科里面做两个学科兼招，过程还有机遇在里面，王处长站在很公正的立场，问我们区别在哪里，我们要想我们的学生能干什么。从宏观道理上来讲，在今天，过去很多专业技术、专业资源、专业平台今天都变成了公共资源、公共平台。今天的建筑学变成了一种智力的交流，而不是资源的比拼。建筑学脱胎于土地工程，它就是一个更加智力化的东西，从土地学科变成精神类的学科。

邓蜀阳：我觉得艺术院校可以做很多工科院校忽视的东西。

傅祎：艺术类院校没包袱，另外可以取长补短。

赵健：要发挥各自优势，广东设计院要了广美毕业生进去，基本都是做方案。纯工学建筑师，一开始就是想到做数据，本身是优点，但是今天一定层面上不是这么回事了，很多东西过去是专业，今天是尝试。

邓蜀阳：途径是多种多样的，最终目标是一致的。

赵健：现在大家都在用同一个词汇，但是心里装的其实完全不一样。艺术类的建筑教育规模并不大，中国用了差不多 30 年时间从十几所的设计院校变成一千多所，但是在后面不太可能再增加一千所，所以这个量还不足以造成国家建筑教育混乱。现在量力而行，在法规允许情况下先做起来。今天中国的建筑学是一个加法建筑学，是扩张建筑学，很少有人做减法建筑学、节约建筑学。这个行业总体大趋势来讲，艺术化的一般来说没有注册权、签字权，你只能做一些精细化、节约化的东西，减法建设，如果可能的话，又是不一样的东西。中国房地产城市化这么大的规模，放眼看去，几乎很难看到技术含量，张扬的还是广告化、宣传化的价值，但是国外房地产小广告，不会讲这些，都是讲技术含量。你设计的核心价值在哪里让人一看就明白，这个很重要。

邓蜀阳：我们是为教学服务，一般情况是真题假做，因为必须适合教学的环境和过程，包括基础资料，收集、调研等一些整体的设计流程是我们无法做到的，甚至有一些资料拿不到，这是肯定的。做作品，这个作品是我的，我这样做就有我这样做的理由，但是很多条件下做出来并不一定好，这也是面临的弱点，我们参加很多评论的时候，老师也说，你们现在学了四五年，到最后要好好火一把，好好玩一把，把你们前面不能表达的都表达出来，这是心态问题。这个心态是制约的问题，老师制约、课程制约等。

黄耘：由于时间关系，我们的讨论只能到此为止。今天下午的这个研讨会谈得很好，大家的思想碰撞出很多精彩的火花，值得下来仔细回味，谢谢大家。

图书在版编目（CIP）数据

涅槃·重钢工业遗产改造设计　第四届四校联合毕业设计营/黄耘等主编.
北京：中国建筑工业出版社，2012.10
ISBN 978-7-112-14745-8

Ⅰ.①涅…　Ⅱ.①黄…　Ⅲ.①建筑设计-作品集-中国-现代　Ⅳ.①TU206

中国版本图书馆CIP数据核字（2012）第233784号

责任编辑：张　华　李东禧
版式设计：马田田　程　伟　杨杰昆
责任校对：王誉欣　刘　钰

涅槃·重钢工业遗产改造设计
第四届四校联合毕业设计营
Nirvana · Design modification of Industrial Heritage of Chongqing Steel
The 4th Graduation Design Workshop from 4 Academy of Fine Arts

黄　耘　傅　祎　王海松　杨　岩　主编
四川美术学院建筑艺术系
中央美术学院建筑学院
上海大学美术学院建筑系
广州美术学院建筑与环境艺术设计学院

*
中国建筑工业出版社出版、发行（北京西郊百万庄）
各地新华书店、建筑书店经销
北 京 嘉 泰 利 德 公 司 制 版
北京顺诚彩色印刷有限公司印刷
*
开本：880×1230毫米　1/20　印张：7　字数：200千字
2012年10月第一版　2012年10月第一次印刷
定价：68.00元
ISBN 978-7-112-14745-8
(22808)